Imagine Infinite!

창의영재수학

아이앤아이

영재들의 수학여행

Math Travel

초급 초등 3~5학년

C 측정 아르헨티나편

창의영재수학

아이앤아이

영재들의 수학여행

Math Travel

01 수학 여행 테마로 수학 사고력 활동을 자연스럽게 이어갈 수 있도록 하였습니다.

02 키즈 - 입문 - 초급 - 중급 - 고급으로 이어지는 단계별 창의 영재 수학 학습 시리즈입니다.

03 각 챕터마다 기초 - 심화 - 응용의 문제 배치로 쉬운 것부터 차근차근 문제해결력을 향상시킵니다.

04 각종 수학 사고력, 창의력 문제, 지능검사 문제, 대회 기출 문제 등을 체계적으로 정밀하게 다듬어 정리하였습니다.

05 과학, 음악, 미술, 영화, 스포츠 등에 관련된 융합형(STEAM) 수학 문제를 흥미롭게 다루었습니다.

06 단계적 학습으로 창의적 문제해결력을 향상시켜 영재교육원에 도전해 보세요.

창의영재가 되어볼까?

교재 구성

키즈 (6세 7세 초1)	A (수)	B (연산)	C (도형)	D (측정)	E (규칙)	F (문제해결력)	G (워크북)
	수와 숫자 수 비교하기 수 규칙 수 퍼즐	가르기와 모으기 덧셈과 뺄셈 식 만들기 연산 퍼즐	평면도형 입체도형 위치와 방향 도형 퍼즐	길이와 무게 비교 넓이와 들이 비교 시계와 시간 부분과 전체	패턴 이중 패턴 관계 규칙 여러 가지 규칙	모든 경우 구하기 분류하기 표와 그래프 추론하기	수 연산 도형 측정 규칙 문제해결력

입문 (초1~3)	A (수와 연산)	B (도형)	C (측정)	D (규칙)	E (자료와 가능성)	F (문제해결력)	G (워크북)
	수와 숫자 조건에 맞는 수 수의 크기 비교 합과 차 식 만들기 벌레 먹은 셈	평면도형 입체도형 모양 찾기 도형 나누기와 움직이기 쌓기나무	길이 비교 길이 재기 넓이와 들이 비교 무게 비교 시계와 달력	수 규칙 여러 가지 패턴 수 배열표 암호 새로운 연산 기호	경우의 수 리그와 토너먼트 분류하기 그림 그려 해결하기 표와 그래프	문제 만들기 주고 받기 어떤 수 구하기 재치있게 풀기 추론하기 미로와 퍼즐	수와 연산 도형 측정 규칙 자료와 가능성 문제해결력

초급 (초3~5)	A (수와 연산)	B (도형)	C (측정)	D (규칙)	E (자료와 가능성)	F (문제해결력)
	수 만들기 수와 숫자의 개수 연속하는 자연수 가장 크게, 가장 작게 도형이 나타내는 수 마방진	색종이 접어 자르기 도형 붙이기 도형의 개수 쌓기나무 주사위	길이와 무게 재기 시간과 들이 재기 덮기와 넓이 도형의 둘레 원	수 패턴 도형 패턴 수 배열표 새로운 연산 기호 규칙 찾아 해결하기	가짓수 구하기 리그와 토너먼트 금액 만들기 가장 빠른 길 찾기 표와 그래프(평균)	한붓 그리기 논리 추리 성냥개비 다른 방법으로 풀기 간격 문제 배수의 활용

중급 (초4~6)	A (수와 연산)	B (도형)	C (측정)	D (규칙)	E (자료와 가능성)	F (문제해결력)
	복면산 수와 숫자의 개수 연속하는 자연수 수와 식 만들기 크기가 같은 분수 여러 가지 마방진	도형 나누기 도형 붙이기 도형의 개수 기하판 정육면체	수직과 평행 다각형의 각도 접기와 각 붙여 만든 도형 단위 넓이의 활용	규칙성 찾기 도형과 연산의 규칙 규칙 찾아 개수 세기 교점과 영역 개수 수 배열의 규칙	경우의 수 비둘기집 원리 최단 거리 만들 수 있는, 없는 수 평균	논리 추리 님 게임 강 건너기 창의적으로 생각하기 효율적으로 생각하기 나머지 문제

고급 (초6~중등)	A (수와 연산)	B (도형)	C (측정)	D (규칙)	E (자료와 가능성)	F (문제해결력)
	연속하는 자연수 배수 판정법 여러 가지 진법 계산식에 써넣기 조건에 맞는 수 끝수와 숫자의 개수	입체도형의 성질 쌓기나무 도형 나누기 평면도형의 활용 입체도형의 부피, 겉넓이	시계와 각도 평면도형의 활용 도형의 넓이 거리, 속력, 시간 도형의 회전 그래프 이용하기	암호 해독하기 여러 가지 규칙 여러 가지 수열 연산 기호 규칙 도형에서의 규칙	경우의 수 비둘기집 원리 입체도형에서의 경로 영역 구분하기 확률	홀수와 짝수 조건 분석하기 다른 질량 찾기 뉴튼산 작업 능률

책의 구성과 활용

단원들어가기

단위 길이와
단위 무게?

'단위'란 길이, 무게 등의 수량을 수치로 나타낼 때 기초가 되는 기준을 뜻합니다.
우리는 평소 길이를 나타낼 때 센티미터(cm), 미터(m), 킬로미터(km) 등을 사용합니다.
예) 무우의 키는 160cm입니다. → 단위 길이는 1cm
또한 우리는 평소 무게를 나타낼 때 그램(g), 킬로그램(kg) 등을 사용합니다.
예) 무우의 몸무게는 50kg입니다. → 단위 무게는 1kg
이외에도 <그림>과 같이 '손바닥 한 뼘', '연필 한 자루'와 같은 본인만의 단위 길이,
단위 무게를 정해서 길이와 무게를 잴 수 있습니다.

단위 길이 단위 길이
<그림>

1. 길이와 무게 재기

아르헨티나 첫째 날 DAY 1

아르헨티나
Argentina

친구들의 수학여행(Math Travel)과 함께 단원이 시작됩니다. 여행지에서 수학문제를 발견하고 창의적으로 해결해 나갑니다.

아이앤아이 수학여행 친구들

전 세계 곳곳의 수학 관련 문제들을 풀며 함께 세계여행을 떠날 친구들을 소개할게요!

무우

팀의 맏리더. 행동파 리더.

에너지 넘치는 자신감과 무한 긍정으로 팀원에게 격려와 응원을 아끼지 않는 팀의 맏형, 솔선수범하는 믿음직한 해결사예요.

상상

팀의 챙김이 언니, 아이디어 뱅크.

감수성이 풍부하고 공감력이 뛰어나 동생들의 고민을 경청하고 챙겨주는 맏언니예요.

알알

진지하고 생각많은 똘똘이 알알이.

겁 많고 부끄럼 많고 소심하지만 관찰력이 뛰어나고 생각 깊은 아이에요. 야무진 성격을 보여주는 알밤머리와 주근깨 가득한 통통한 볼이 특징이에요.

제이

궁금한게 많은 막내 엉뚱이 제이.

엉뚱한 질문이나 행동으로 상대방에게 웃음을 주어요. 주위의 것을 놓치고 싶지 않은 장난기가 가득한 매력덩어리입니다.

단원살펴보기

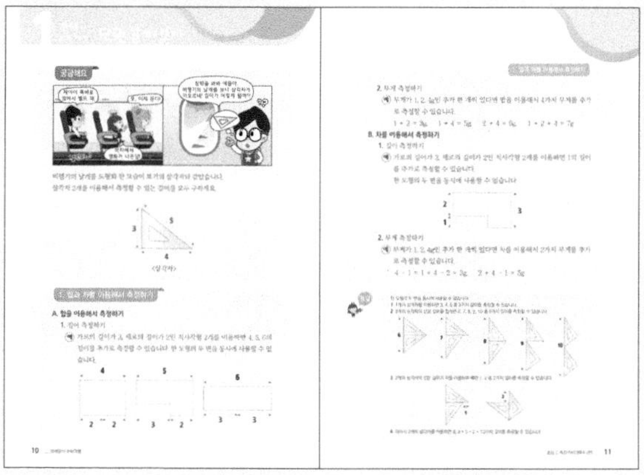

단원의 주제되는 내용을 정리하고 '궁금해요' 문제를 풀어봅니다.

대표문제

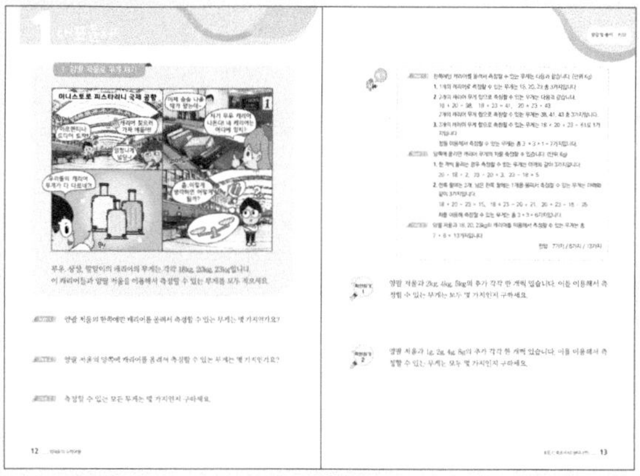

대표되는 문제를 단계적으로 해결하고 '확인하기' 문제를 풀어봅니다.

연습문제

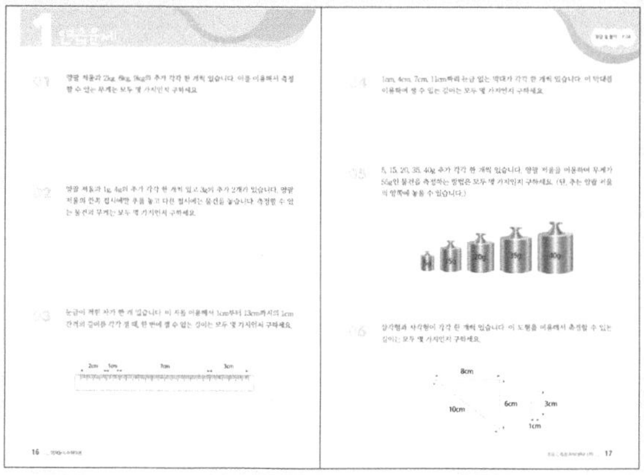

단원살펴보기 및 대표문제에서 익힌 내용을 알차게 구성된 사고력 문제를 통해 점검하며 주제에 대한 탄탄한 기본기를 다집니다.

심화문제

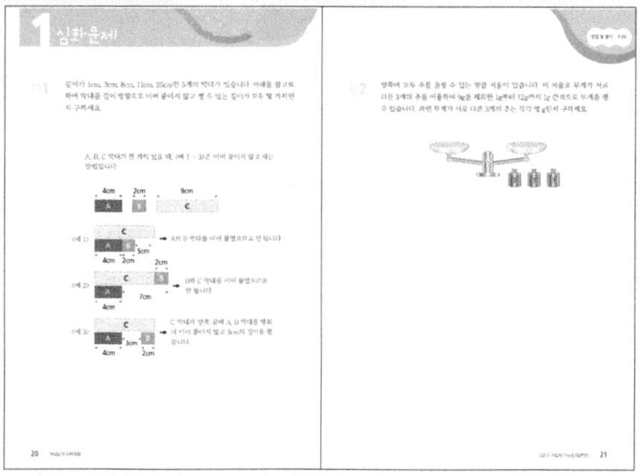

단원에 관련된 문제의 이해와 응용력을 바탕으로 창의적 문제 해결력을 기릅니다.

창의적문제해결수학

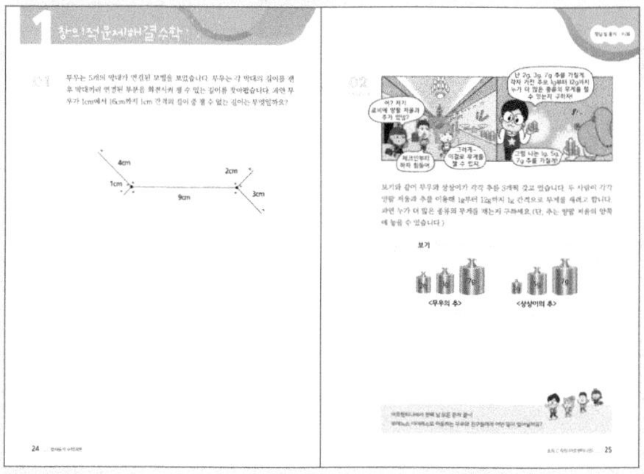

창의력 응용문제, 융합문제를 풀며 해당 단원 문제에 자신감을 가집니다.

정답 및 풀이

상세한 풀이과정과 함께 수학적 사고력을 완성합니다.

차례
CONTENTS

초급 초등3~5학년 C 측정

단위 길이와 단위 무게?

'단위'란 길이, 무게 등의 수량을 수치로 나타낼 때 기초가 되는 기준을 뜻합니다.

우리는 평소 길이를 나타낼 때 센티미터(cm), 미터(m), 킬로미터(km) 등을 사용합니다.

예) 무우의 키는 160cm입니다. ➡ 단위 길이는 1cm

또한 우리는 평소 무게를 나타낼 때 그램(g), 킬로그램(kg) 등을 사용합니다.

예) 무우의 몸무게는 50kg입니다. ➡ 단위 무게는 1kg

이외에도 <그림>과 같이 '손바닥 한 뼘', '연필 한 자루'와 같은 본인만의 단위 길이, 단위 무게를 정해서 길이와 무게를 잴 수 있습니다.

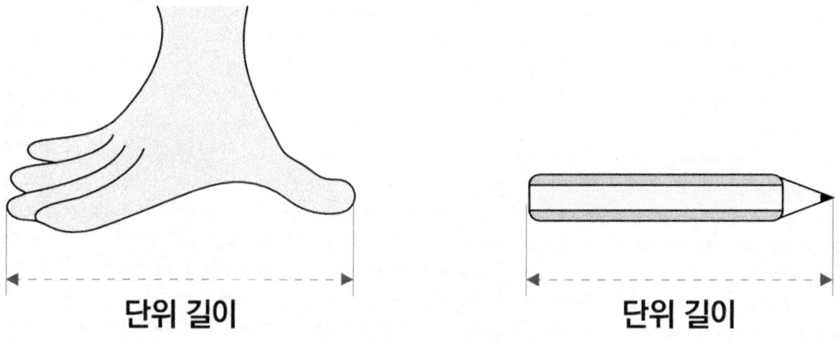

〈그림〉

1. 길이와 무게 재기

인천 국제 공항
웅성웅성
공항 도착! 우리는 인천에서 아르헨티나로 가는 비행기를 탈거야!
얘들아 3번 게이트 저기에 있어!
짱짱~
얘들아 비행기 가까이서 보니까 진짜 크다.
얼마나 긴지 궁금행!
그러게?!
내가 먼저 가서 창문 쪽에 앉을거양!
일단 탑승부터 하자 얘들아!
쌔앵~
뛰지마 제이야..! 여행 때문에 신났네!
야호~!
KOREAN AIR
슈우웅~
제이야 시끄럽게 굴지마!
아르헨티나로 출발~!

★ 미니스토로 피스타리니 국제공항
아르헨티나
Argentina

아르헨티나 첫째 날 DAY 1

무우와 친구들은 아르헨티나에 가는 첫째 날, <공항>에 도착했어요.
자, 그럼 먼저 <비행기> 안에서는 무슨 재미난 일이 기다리고 있을지 떠나 볼까요?
즐거운 수학여행 출발~!

궁금해요

제이야. 똑바로 앉아서 벨트 매.
오, 이제 뜬다!
떨린다..!
의자에서 영화가 나온당!
창밖을 봐봐. 얘들아. 비행기의 날개를 보니 삼각자가 떠오르네! 길이가 어떻게 될까?!
??

비행기의 날개를 도형화한 모습이 보기의 삼각자와 같았습니다.
삼각자 2개를 이용해서 측정할 수 있는 길이를 모두 구하세요.

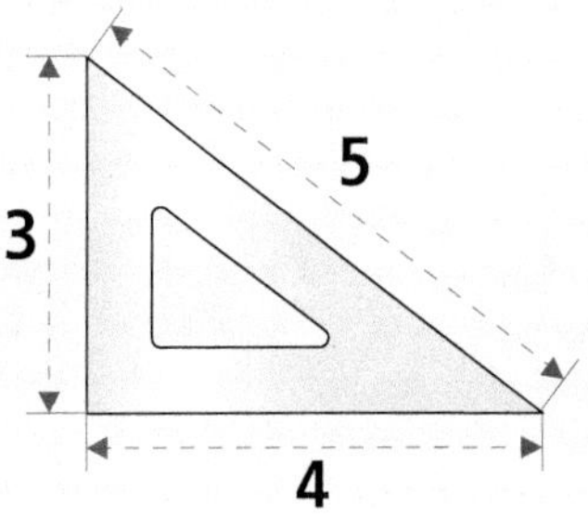
3
4
5

〈삼각자〉

1. 합과 차를 이용해서 측정하기

A. 합을 이용해서 측정하기

1. 길이 측정하기

예 가로의 길이가 3, 세로의 길이가 2인 직사각형 2개를 이용하면 4, 5, 6의 길이를 추가로 측정할 수 있습니다. 한 도형의 두 변을 동시에 사용할 수 없습니다.

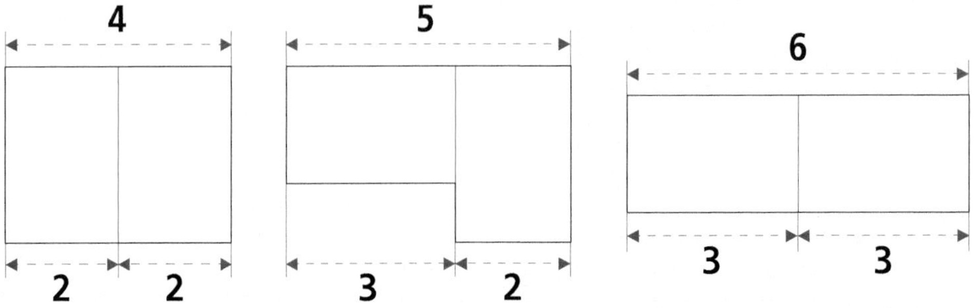
4
2
2
5
3
2
6
3
3

2. 무게 측정하기

(예) 무게가 1, 2, 4g인 추가 한 개씩 있다면 합을 이용해서 4가지 무게를 추가로 측정할 수 있습니다.

1 + 2 = 3g, 1 + 4 = 5g, 2 + 4 = 6g, 1 + 2 + 4 = 7g

B. 차를 이용해서 측정하기

1. 길이 측정하기

(예) 가로의 길이가 3, 세로의 길이가 2인 직사각형 2개를 이용하면 1의 길이를 추가로 측정할 수 있습니다.

한 도형의 두 변을 동시에 사용할 수 없습니다.

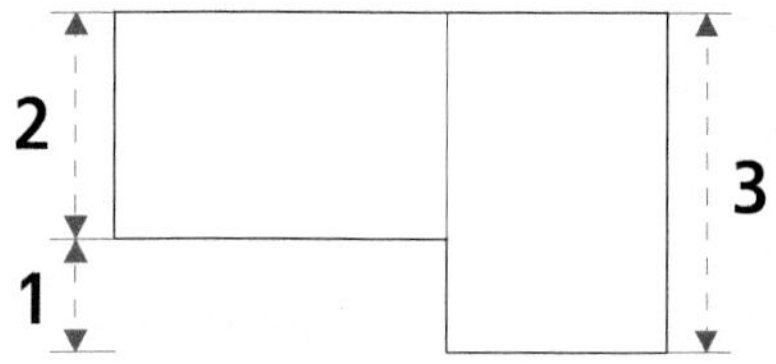

2. 무게 측정하기

(예) 무게가 1, 2, 4g인 추가 한 개씩 있다면 차를 이용해서 2가지 무게를 추가로 측정할 수 있습니다.

4 - 1 = 1 + 4 - 2 = 3g, 2 + 4 - 1 = 5g

정답

한 도형의 두 변을 동시에 사용할 수 없습니다.

1. 1개의 삼각자를 이용하면 3, 4, 5 총 3가지 길이를 측정할 수 있습니다.

2. 2개의 삼각자의 선분 길이를 합하면 6, 7, 8, 9, 10 총 5가지 길이를 측정할 수 있습니다.

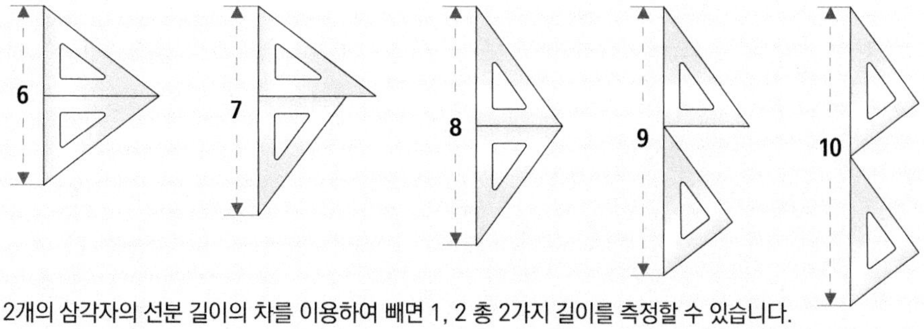

3. 2개의 삼각자의 선분 길이의 차를 이용하여 빼면 1, 2 총 2가지 길이를 측정할 수 있습니다.

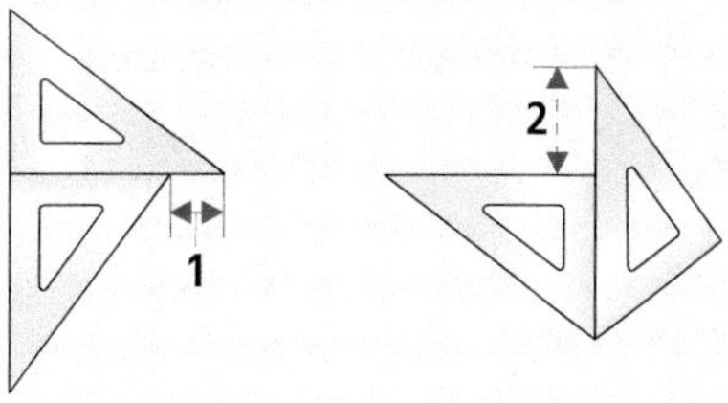

4. 따라서 2개의 삼각자를 이용해서 총 3 + 5 + 2 = 10가지 길이를 측정할 수 있습니다.

1 대표문제

1. 양팔 저울로 무게 재기

미니스토로 피스타리니 국제 공항
우와!
아르헨티나 드디어 도착!!
캐리어 찾으러 가자 얘들아!
엄청나게 넓당~!
이제 슬슬 나올 때가 됐는데~
저기 무우 캐리어 나온다! 내 캐리어는 어디에 있지?
위이잉 ~
우리들의 캐리어 무게가 다 다르네?!
앗!
흠..이렇게 생각하면 어떻게 될까?

무우, 상상, 알알이의 캐리어의 무게는 각각 18kg, 20kg, 23kg입니다.
이 캐리어들과 양팔 저울을 이용해서 측정할 수 있는 무게를 모두 적으세요.

Step 1 양팔 저울의 한쪽에만 캐리어를 올려서 측정할 수 있는 무게는 몇 가지인가요?

Step 2 양팔 저울의 양쪽에 캐리어를 올려서 측정할 수 있는 무게는 몇 가지인가요?

Step 3 측정할 수 있는 모든 무게는 몇 가지인지 구하세요.

풀이

Step 1 한쪽에만 캐리어를 올려서 측정할 수 있는 무게는 다음과 같습니다. (단위 Kg)

1. 1개의 캐리어로 측정할 수 있는 무게는 18, 20, 23 총 3가지입니다.

2. 2개의 캐리어 무게 합으로 측정할 수 있는 무게는 다음과 같습니다.

$18 + 20 = 38$, $18 + 23 = 41$, $20 + 23 = 43$

2개의 캐리어 무게 합으로 측정할 수 있는 무게는 38, 41, 43 총 3가지입니다.

3. 3개의 캐리어 무게 합으로 측정할 수 있는 무게는 $18 + 20 + 23 = 61$로 1가지입니다.

합을 이용해서 측정할 수 있는 무게는 총 $3 + 3 + 1 = 7$가지입니다.

Step 2 양쪽에 올리면 캐리어 무게의 차를 측정할 수 있습니다. (단위 Kg)

1. 한 개씩 올리는 경우 측정할 수 있는 무게는 아래와 같이 3가지입니다.

$20 - 18 = 2$, $23 - 20 = 3$, $23 - 18 = 5$

2. 한쪽 팔에는 2개, 남은 한쪽 팔에는 1개를 올려서 측정할 수 있는 무게는 아래와 같이 3가지입니다.

$18 + 20 - 23 = 15$, $18 + 23 - 20 = 21$, $20 + 23 - 18 = 25$

차를 이용해 측정할 수 있는 무게는 총 $3 + 3 = 6$가지입니다.

Step 3 양팔 저울과 18kg, 20kg, 23kg의 캐리어를 이용해서 측정할 수 있는 무게는 총 $7 + 6 = 13$가지입니다.

정답 : 7가지 / 6가지 / 13가지

확인하기 1

양팔 저울과 2kg, 4kg, 5kg의 추가 각각 한 개씩 있습니다. 이를 이용해서 측정할 수 있는 무게는 모두 몇 가지인지 구하세요.

확인하기 2

양팔 저울과 1g, 2g, 4g, 8g의 추가 각각 한 개씩 있습니다. 이를 이용해서 측정할 수 있는 무게는 모두 몇 가지인지 구하세요.

2. 눈금없이 길이 재기

리오 플라타 강
강 주변에 자연 보호구역으로 지정된 지역도 있대!
날씨도 좋고 너무 이쁘다!
꽃 뜯지마 제이야!
- 후웅
어?! 무우야 저기 봐봐! 풍차가 있어.
정말이네!
카페
음료수 마시면서 쉬었다 가자!
어서오세요
주문이요~
이 가페에도 풍차가 있어!
오잉?
실링팬을 보니 문제가 떠오르는군! 내가 낸 문제를 풀면 음료는 내가 살게!

그림과 같이 길이가 10, 18, 23, 30인 막대를 한 점에 연결하였습니다. 각 막대는 연결된 부분을 중심으로 회전할 수 있을 때, 측정할 수 있는 길이를 모두 구하세요.

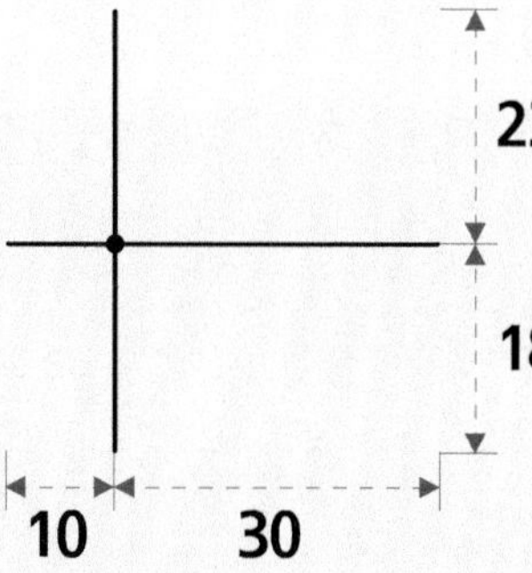
23
18
10
30

〈그림〉

Step 1 두 선분의 합으로 측정할 수 있는 길이를 모두 구하세요.

Step 2 두 선분의 차로 측정할 수 있는 길이를 모두 구하세요.

Step 3 모든 측정할 수 있는 길이를 적으세요.

풀이

문제 해결 TIP

측정할 수 있는 길이는 각 선분의 길이와 두 선분의 합 또는 차로 구할 수 있습니다.

Step 1 두 선분의 길이의 합으로 측정할 수 있는 길이는 다음과 같습니다.

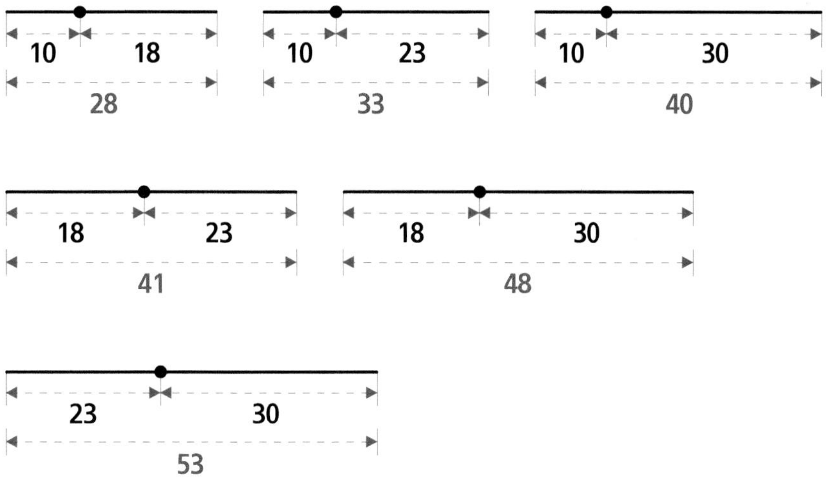

두 선분의 합으로 측정할 수 있는 길이는 28, 33, 40, 41, 48, 53 총 6가지입니다.

Step 2 두 선분 길이의 차로 측정할 수 있는 길이는 다음과 같습니다.

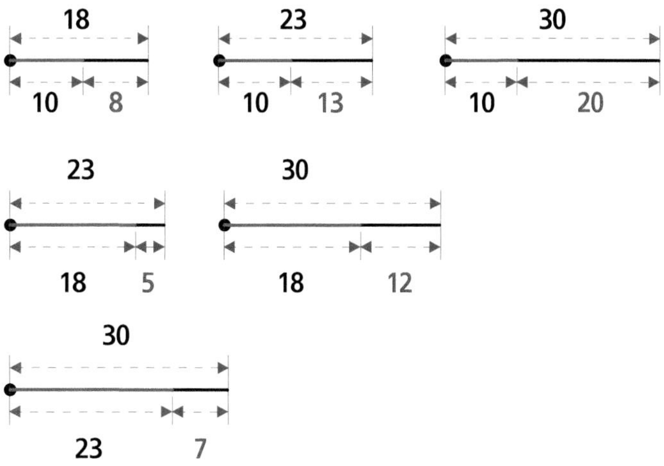

두 선분의 차로 측정할 수 있는 길이는 5, 7, 8, 12, 13, 20 총 6가지입니다.

Step 3 각각의 선분으로도 10, 18, 23, 30 총 4가지 길이를 측정할 수 있습니다.

따라서 측정할 수 있는 길이는 총 6 + 6 + 4 = 16가지입니다.

정답 : 6가지 / 6가지 / 16가지

확인하기

1, 2, 4cm짜리 눈금 없는 자가 각각 한 개씩 있습니다. 각 길이를 측정하는 방법을 적으세요.

길이	방법	길이	방법
1cm		5cm	
2cm		6cm	
3cm		7cm	
4cm			

1 연습문제

01 양팔 저울과 2kg, 6kg, 9kg의 추가 각각 한 개씩 있습니다. 이를 이용해서 측정할 수 있는 무게는 모두 몇 가지인지 구하세요.

02 양팔 저울과 1g, 4g의 추가 각각 한 개씩 있고 3g의 추가 2개가 있습니다. 양팔 저울의 한쪽 접시에만 추를 놓고 다른 접시에는 물건을 놓습니다. 측정할 수 있는 물건의 무게는 모두 몇 가지인지 구하세요.

03 눈금이 적힌 자가 한 개 있습니다. 이 자를 이용해서 1cm부터 13cm까지의 1cm 간격의 길이를 각각 잴 때, 한 번에 잴 수 없는 길이는 모두 몇 가지인지 구하세요.

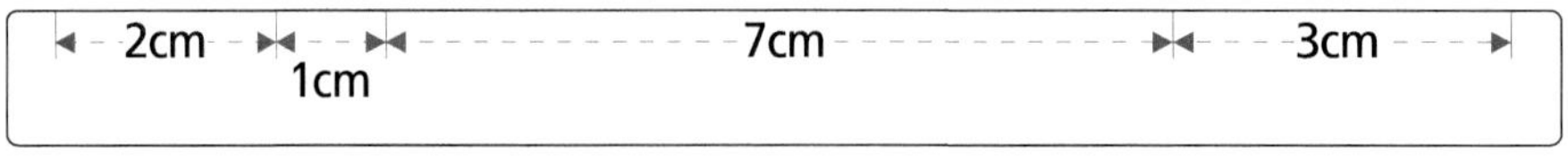

04 1cm, 4cm, 7cm, 11cm짜리 눈금 없는 막대가 각각 한 개씩 있습니다. 이 막대를 이용하여 잴 수 있는 길이는 모두 몇 가지인지 구하세요.

05 5, 15, 20, 35, 40g 추가 각각 한 개씩 있습니다. 양팔 저울을 이용하여 무게가 55g인 물건을 측정하는 방법은 모두 몇 가지인지 구하세요. (단, 추는 양팔 저울의 양쪽에 놓을 수 있습니다.)

06 삼각형과 사각형이 각각 한 개씩 있습니다. 이 도형을 이용해서 측정할 수 있는 길이는 모두 몇 가지인지 구하세요.

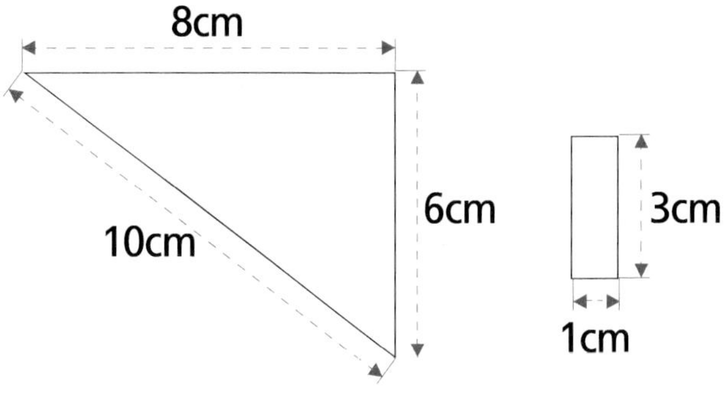

07 3개의 막대로 연결된 자가 있습니다. 이 자를 이용하여 잴 수 있는 길이는 모두 몇 가지인지 구하세요. (단, 점으로 연결된 부분을 중심으로 회전할 수 있습니다.)

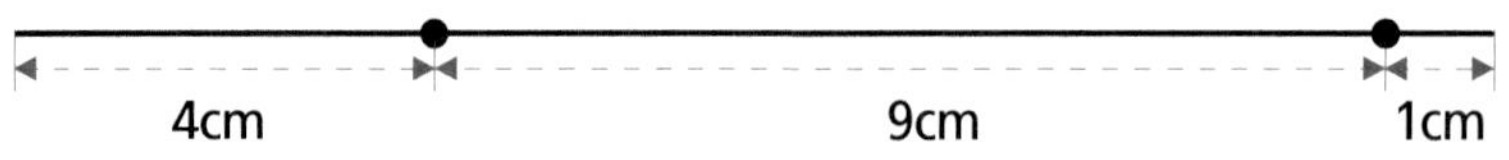

08 똑같은 무게의 추와 양팔 저울을 사용하여 상자 **A**, **B**, **C**의 무게를 비교했습니다. **A**, **B**, **C** 중 가장 가벼운 상자는 무엇일까요?

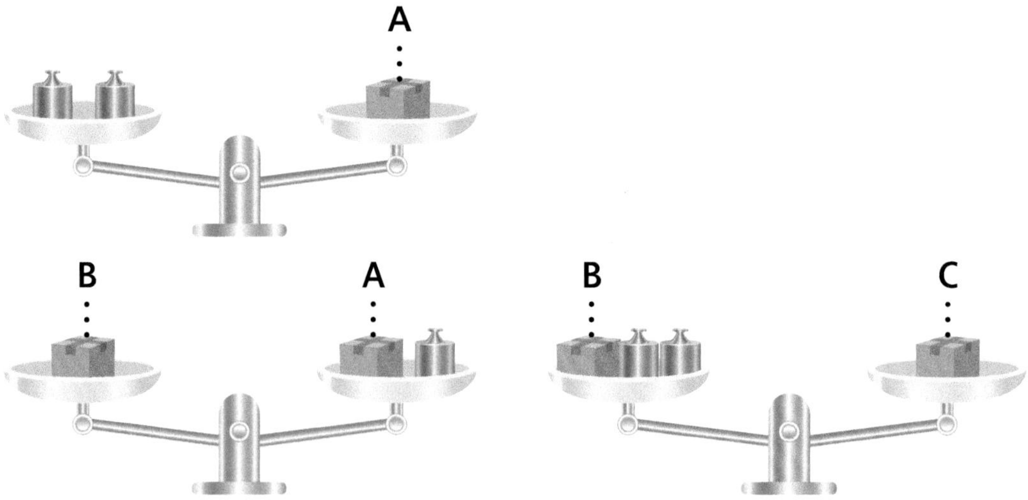

09

양쪽 모두 추를 올릴 수 있는 양팔 저울과 1g, 4g, 7g, 12g의 추가 각각 한 개씩 있습니다. 1g부터 24g까지의 1g 간격으로 무게를 잴 때, 이 중에 잴 수 없는 무게는 몇 g인지 구하세요.

10

삼각형 한 개와 크기가 다른 사각형 두 개가 있습니다. 이 도형을 이용해서 1cm부터 16cm까지의 1cm 간격으로 길이를 잴 때, 이 중에 잴 수 없는 길이는 몇 cm인지 구하세요.

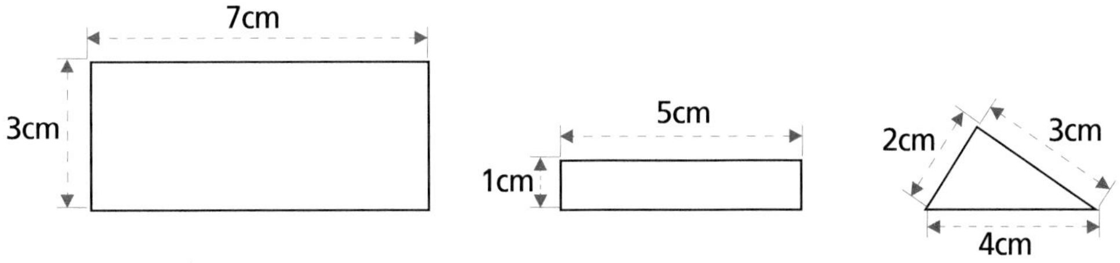

01 길이가 1cm, 3cm, 8cm, 11cm, 25cm인 5개의 막대가 있습니다. 아래를 참고로 하여 막대를 길이 방향으로 이어 붙이지 않고 잴 수 있는 길이가 모두 몇 가지인지 구하세요.

A, B, C 막대가 한 개씩 있을 때, 〈예 1 ~ 3〉은 이어 붙이지 않고 재는 방법입니다.

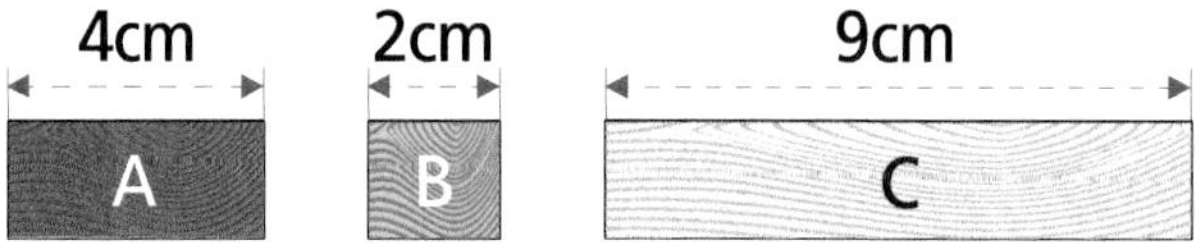

〈예 1〉

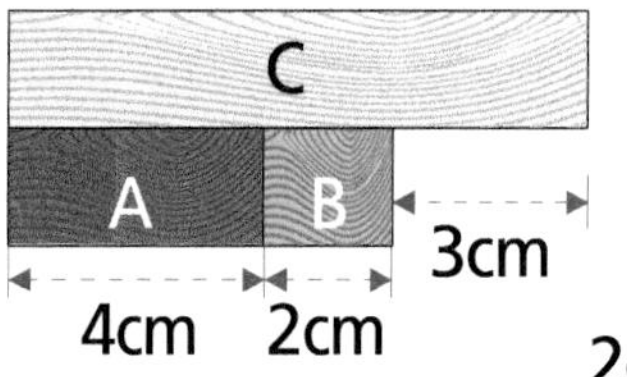

→ A와 B 막대를 이어 붙였으므로 안 됩니다.

〈예 2〉

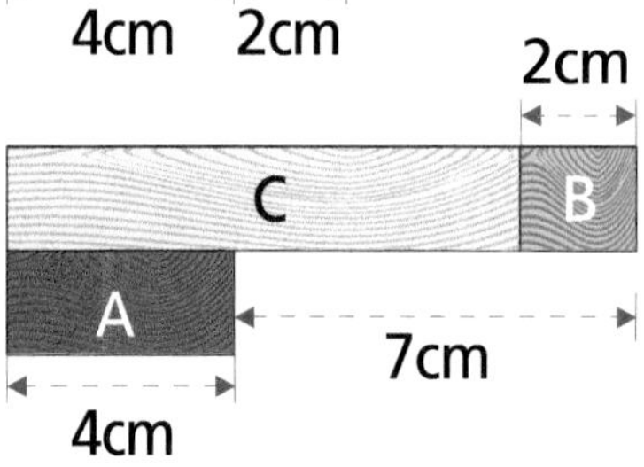

→ B와 C 막대를 이어 붙였으므로 안 됩니다.

〈예 3〉

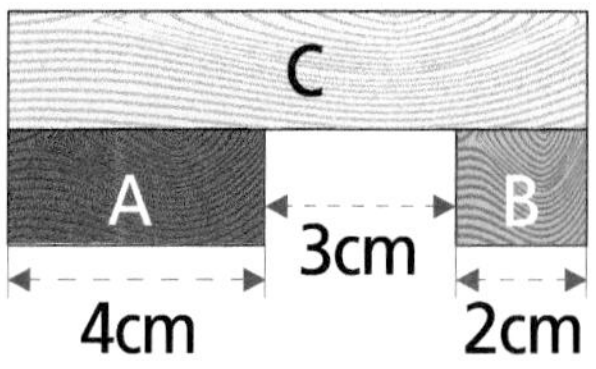

→ C 막대의 양쪽 끝에 A, B 막대를 맞춰서 이어 붙이지 않고 3cm의 길이를 쟀습니다.

02

양쪽에 모두 추를 올릴 수 있는 양팔 저울이 있습니다. 이 저울로 무게가 서로 다른 3개의 추를 이용하여 9g을 제외한 1g부터 12g까지 1g 간격으로 무게를 잴 수 있습니다. 과연 무게가 서로 다른 3개의 추는 각각 몇 g인지 구하세요.

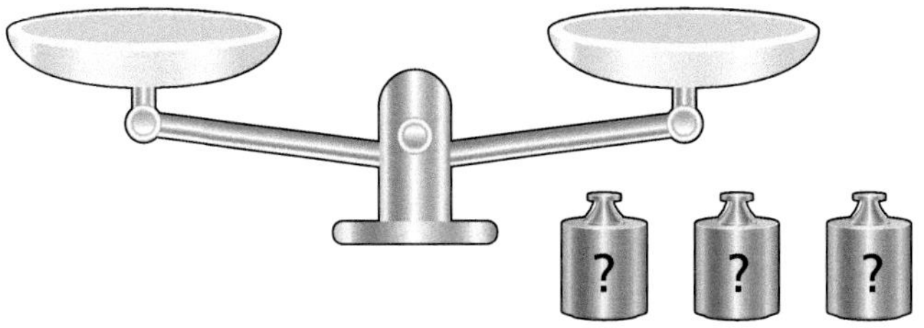

03 길이가 20cm인 막대가 있습니다. 이 막대를 서로 길이가 다른 네 조각으로 잘라서 1cm부터 20cm까지 1cm 간격으로 모든 길이를 재려고 합니다. 나눠야 할 네 조각의 길이를 각각 구하세요.

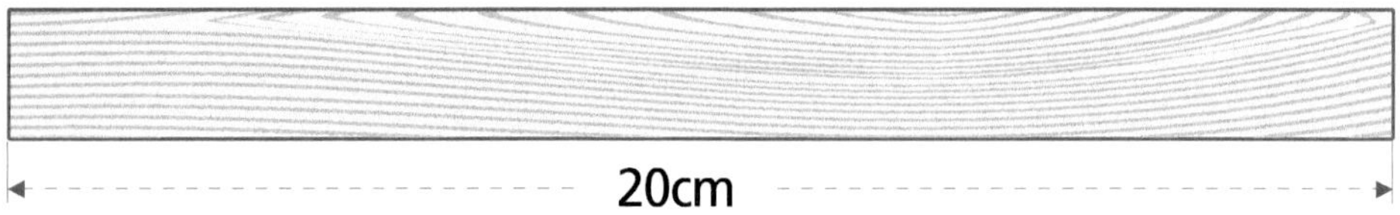

정답 및 풀이 P.07

04 양팔 저울과 3g, 8g, 15g, 32g, 62g의 추가 각각 한 개씩 있습니다. 5개의 추를 모두 사용하여 무게가 각각 10g과 34g인 물건을 재는 방법을 설명하세요.
(단, 추는 양팔 저울의 양쪽에 놓을 수 있습니다.)

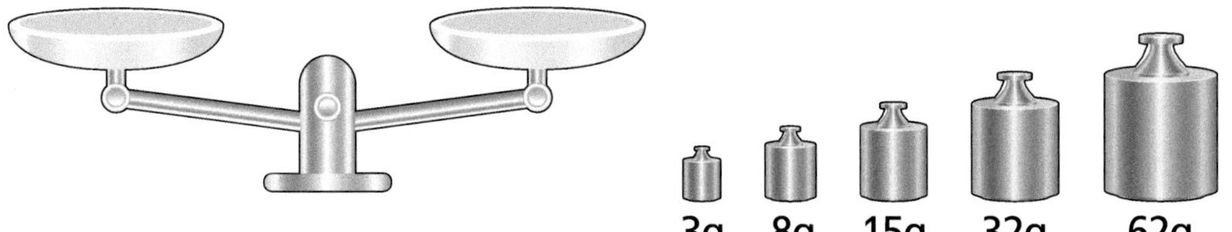

01 무우는 5개의 막대가 연결된 모빌을 보았습니다. 무우는 각 막대의 길이를 잰 후 막대끼리 연결된 부분을 회전시켜 잴 수 있는 길이를 찾아봤습니다. 과연 무우가 1cm에서 16cm까지 1cm 간격의 길이 중 잴 수 없는 길이는 무엇일까요?

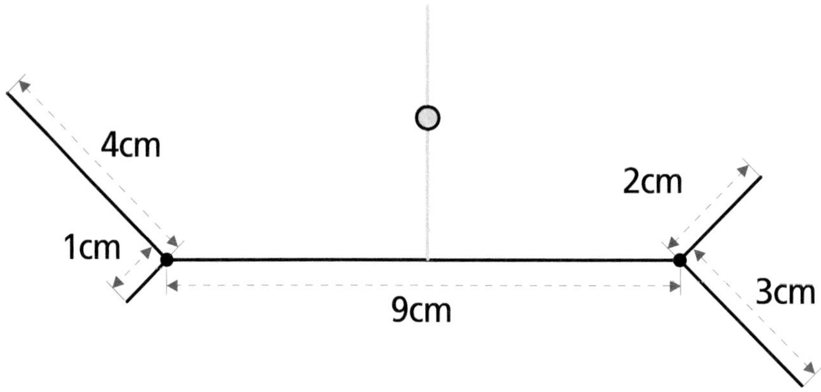

어? 저기
로비에 양팔 저울과
추가 있넹?
체크인부터
하자 힘들어..
~긁적긁적
그러게~
이걸로 무게를
잴 수 있지.
난 2g, 3g, 7g 추를 가질게.
각자 가진 추로 1g부터 12g까지
누가 더 많은 종류의 무게를 잴
수 있는지 구하자!
콜! ~
그럼 나는 1g, 5g,
7g 추를 가질게!

보기와 같이 무우와 상상이가 각각 추를 3개씩 가지고 있습니다. 두 사람이 각각 양팔 저울과 추를 이용해 1g부터 12g까지 1g 간격으로 무게를 재려고 합니다. 과연 누가 더 많은 종류의 무게를 재는지 구하세요.(단, 추는 양팔 저울의 양쪽에 놓을 수 있습니다.)

보기

2g
3g
7g
1g
5g
7g

<무우의 추> <상상이의 추>

아르헨티나에서 첫째 날 모든 문제 끝~!
부에노스 아이레스로 이동하는 무우와 친구들에게 어떤 일이 일어날까요?

홉, 되, 말, 섬?

들이란?

물통이나 그릇의 안쪽 공간의 크기입니다.

우리나라 삼국시대 이전부터 곡식이나 가루, 술과 같은 액체의 부피를 잴 때,

'홉', '되', '말', '섬' 등의 들이 단위를 사용했습니다.

'홉'은 아래 그림과 같이 성인 두 손을 모아 그 안에 담을 수 있는 양입니다.

1 '홉'은 약 180mL입니다.

'되'는 아래 그림과 같은 모양으로 주로 시장에서 볼 수 있습니다.

1 '되' = 10 '홉'입니다.

'말'은 아래 그림과 같은 모양입니다.

1 '말' = 10 '되'입니다.

'섬'은 곡물이나 사료 등을 보관하는 데 쓰여 짚으로 되어 있습니다.

1 '섬' = 10 '말'입니다.

우리 일상에서 '되'나 '말'을 사용하기도 하지만, 리터(L)와 밀리미터(mL) 등을 주로 사용합니다.

〈홉〉

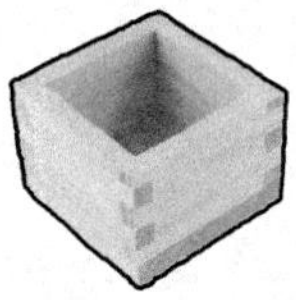

〈되〉

〈말〉

〈섬〉

2. 시간과 들이 재기

부에노스 아이레스
우와~ 저기에 신기한 조형물이 있엉. 가까이 가보장!
- 두둥
부에노스 아이레스의 첫 글자를 풀로 장식해 놨네!
높다..
헉.. 가까이서 보니까 목이 아플 정도로 높네!
올라가 보고 싶당!
길쭉한 오벨리스크를 보니까 기다란 비커가 생각나는걸?
비커하면 나는 원뿔형, 기둥형이 떠올라!
여러 가지 방법으로 들이재기를 해보자!
- 짜잔
종류가 이렇게나 많았구나! 재밌겠다.

부에노스 아이레스
미니스토로 피스타리니 국제공항
아르헨티나
Argentina

아르헨티나 둘째 날 DAY 2

무우와 친구들은 아르헨티나에서의 둘째 날,
<부에노스 아이레스>에 도착했어요.
자, 그럼 먼저 <5월의 광장> 에서는 어떤 맛있는
음식과 재미있는 수학이 기다리고 있을지 떠나 볼까요?
고고~!!

궁금해요

5월의 광장
저기 멀리 분홍색의 대통령 궁이 보여.
샤랄라~
우와! 진짜 분홍색이넹?
잠깐만 무우야.. 나 너무 배고프다.
두리번 두리번
꼬르륵..
주변에 간식 먹을 거 없나? 찾아볼게.
어디서 고소한 빵 냄새가 나는데~?
아싸~!
저쪽이야 저쪽! 맛있겠당.
솔솔~
따듯한 핫케이크 4개 빨리 주세요!
흠.. 어떻게 빨리 주지?
급한가..

다음 물음에 답하세요.

가게 주인이 가지고 있는 철판에는 한 번에 3개의 핫케이크만 올릴 수 있습니다. 앞면이 익으려면 4분이 걸리고 뒷면이 익으려면 2분이 걸린다고 합니다. 가게 주인이 4개의 핫케이크를 만드는데 최소한 몇 분이 걸리는지 구하세요.

1. 모래시계로 시간 재기

예시 문제 **<그림>과 같이 2분짜리와 7분짜리 모래시계가 한 개씩 있습니다. 두 모래시계를 최소 횟수로 뒤집어 12분을 재는 방법은 무엇일까요?**

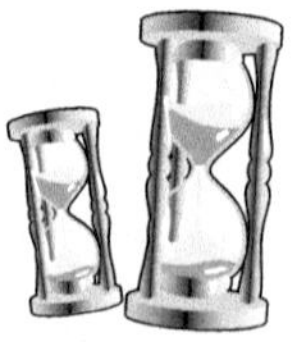
<그림>

풀이

1. 2분짜리와 7분짜리 모래시계를 동시에 뒤집어 시작합니다. 아직 시간을 재지 않습니다.

2. 2분짜리 모래시계의 모래가 다 떨어질 때, 7분짜리 모래시계에는 5분만큼 모래가 남아있습니다. 이때부터 시간을 잽니다.

3. 7분짜리 모래시계의 모래가 다 떨어지면 곧바로 다시 7분짜리를 뒤집습니다.

4. 7분짜리 모래시계의 모래가 다 떨어지는 순간이 시간을 재기 시작한 지 총 12분이 되는 때입니다.

2. 물통으로 들이 재기

예시 문제 **7L 물통과 3L 물통이 각각 한 개씩 있습니다.**
이 두 물통으로 1L부터 7L까지 1L 간격의 들이를 잴 때, 잴 수 없는 들이를 모두 구하세요.

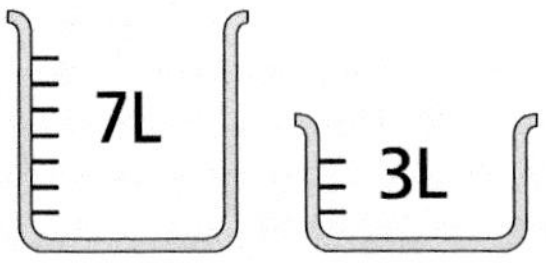

풀이
1. <그림 1>과 같이 가득 찬 7L 물통을 비어있는 3L 물통에 가득 채웁니다.
2. <그림 2>와 같이 7L 물통에는 물 4L가 있습니다. 가득 찬 3L 물을 버립니다. 그 후 물 4L를 비어있는 3L 물통에 가득 채웁니다.
3. 따라서 <그림 3>과 같이 7L 물통에는 물 1L가 남아있습니다.

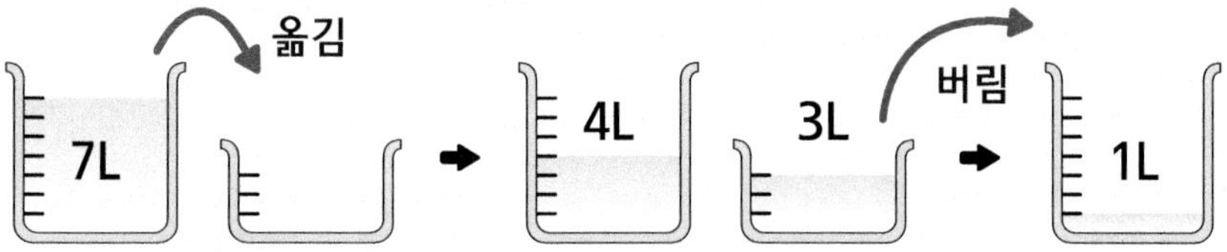

<그림 1> <그림 2> <그림 3>

1. <그림 4>와 같이 가득 찬 3L 물통의 물을 비어있는 7L 물통에 모두 옮깁니다.
2. <그림 5>와 같이 가득 찬 3L 물통의 물을 물 3L가 들어있는 7L 물통에 모두 옮깁니다.
3. <그림 6>과 같이 7L 물통에는 물 6L가 남아있습니다.

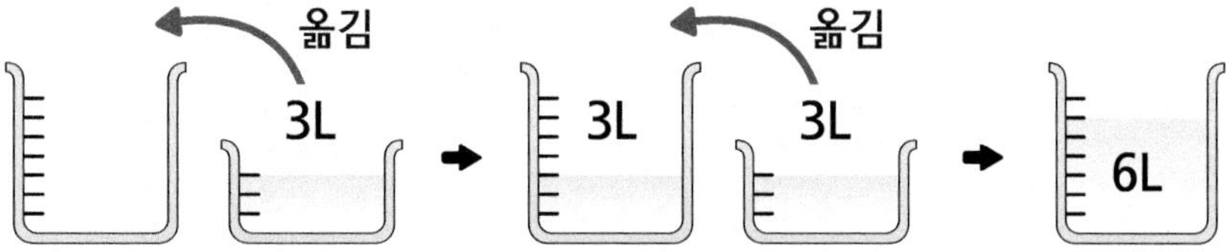

<그림 4> <그림 5> <그림 6>

위와 같이 7L와 3L 물통으로 1L, 3L, 4L, 6L, 7L를 잴 수 있고 2L, 5L는 잴 수 없습니다.

한 개의 핫케이크를 만드는데 드는 시간은 (앞면 익는 시간) + (뒷면 익는 시간) = 4 + 2 = 6분이 걸립니다.
4개의 핫케이크 A, B, C, D가 있다고 합니다.
1. 만약 A, B, C 핫케이크 앞면을 먼저 익힙니다. ➡ 4분이 걸립니다.
2. 그 후 A, B, C 핫 케이크의 뒷면을 익힙니다. ➡ 2분이 걸립니다.
3. 나머지 D 핫케이크의 앞면과 뒷면 모두 익힙니다. ➡ 6분이 걸립니다.
이 경우 총 4 + 2 + 6 = 12분이 걸립니다. 하지만 이 시간보다 더 짧은 시간으로 만들 수 있습니다.
1. 먼저 A, B, C의 앞면을 모두 익힙니다. ➡ 4분이 걸립니다.
2. 그 다음 B, C, D의 뒷면을 모두 익힙니다. ➡ 2분이 걸립니다.
3. 그 후 A의 뒷면과 D의 앞면을 동시에 익힙니다. ➡ 4분이 걸립니다. (2분 후 A를 먼저 꺼냅니다.)
따라서 총 4 + 2 + 4 = 10분이 걸립니다.
위와 같은 순서로 가게 주인은 4개의 핫케이크를 10분 만에 모두 완성할 수 있습니다.

1. 모래시계로 시간 재기

콜론 극장
- 두둥
오페라 극장?!
세계 3대 오페라 극장이래. 얼른 들어가자
헐..줄이 엄청 길다. 언제 들어가지?
TICKET BOOTH
웅성웅성
그러게..지금부터 들어갈 때까지 시간을 재볼까?

그림과 같이 상상이에게는 1분, 6분, 13분짜리 모래시계가 한 개씩 있습니다.
3개의 모래시계를 각각 한 번 이상 뒤집어 27분을 잴 수 있는 방법을 구하세요.

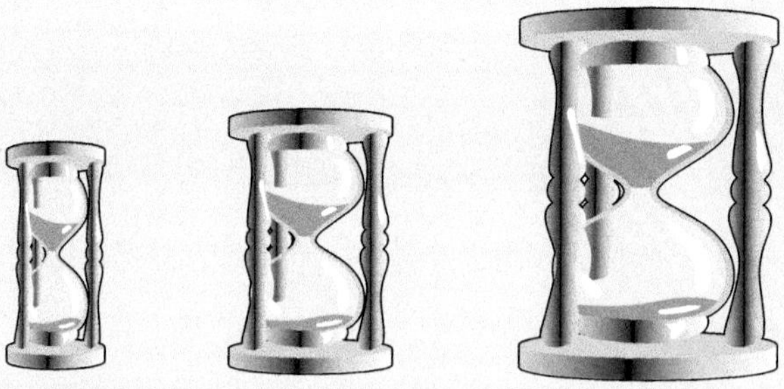
1분
6분
13분

Step 1 27분을 재려면 13분짜리 모래시계는 몇 번 뒤집어야 할까요?

Step 2 Step 1 에서 구한 13분짜리 모래시계를 뒤집은 후 나머지 2개의 모래시계는 각각 몇 번씩 뒤집어야 할까요?

Step 3 3개의 모래시계를 각각 한 번 이상 뒤집어 27분을 잴 수 있는 방법을 적으세요.

Step 1 27분을 재려면 13분짜리 모래시계를 1번 또는 2번을 뒤집으면 됩니다.

하지만 1분, 6분짜리 모래시계도 한 번 이상 뒤집어야 하므로 13분짜리 모래시계를 2번 뒤집으면 26분이 되므로 6분짜리 모래시계를 사용할 수 없습니다.

27분을 재려면 13분짜리 모래시계를 1번 뒤집어야 합니다.

Step 2 위 **Step 1** 에서 13분짜리 모래시계를 1번 뒤집어 27분 − 13분 = 14분이 남습니다. 나머지 1분과 6분짜리 모래시계로 14분을 재면 됩니다.

6분짜리 모래시계를 2번 뒤집어 총 12분 잰 다음 1분짜리 모래시계를 2번 뒤집어 총 2분을 재면 12분 + 2분 = 14분이 됩니다.

6분짜리 모래시계와 1분짜리 모래시계를 각각 2번씩 뒤집으면 됩니다.

Step 3 13분짜리 모래시계를 한 번 뒤집어 모든 모래가 다 떨어진 후, 6분짜리 모래시계를 뒤집은 후 모든 모래가 다 떨어진 후 다시 한 번 6분짜리 모래시계를 뒤집습니다. 그 후 모든 모래가 다 떨어진 후 1분짜리 모래시계를 뒤집어 모든 모래가 떨어진 후 다시 한 번 1분짜리 모래시계를 뒤집습니다.

따라서 처음부터 시간을 재면 총 13 + 6 + 6 + 1 + 1 = 27분이 됩니다.

모래시계를 뒤집는 순서는 바뀌어도 상관없습니다.

정답 : 풀이 과정 참조

확인하기 1

6분, 13분짜리 모래시계가 한 개씩 있습니다. 모래시계를 뒤집는 횟수를 가장 적게 하여 20분을 재는 방법을 구하세요.

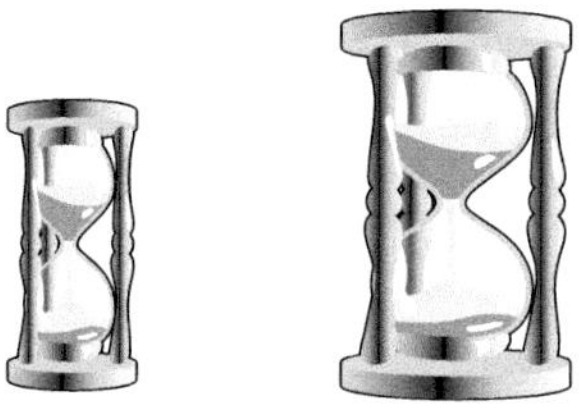

6분 13분

확인하기 2

2분, 6분, 9분짜리 모래시계가 한 개씩 있습니다. 모래시계를 뒤집는 횟수를 가장 적게 하여 26분을 재는 방법을 구하세요.

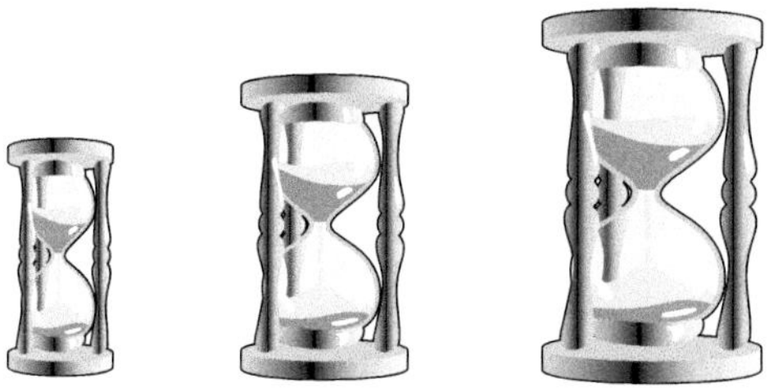

2분 6분 9분

2. 물통으로 들이 재기

대박..오페라 진짜 멋져.
우리도 이제 나가야지~
꾸벅꾸벅..
제이는 자네?
하나도 지루할 틈이 없었어.
우리도 주요 지역을 다 돌아보려면 자전거를 타야 해!
운동도 되고 좋네! 얼른 투어하러 가자.
우와
멋지당..
후..너무 힘들고 목도 말라. 조금 쉬었다 가자..
나도 물이 없는데 어쩌지..
헉..헉..
흐음..지금 13L, 8L, 2L짜리 물통이 한 개씩 있는데, 13L에만 물이 가득 채워져 있어! 13L짜리에 7L 물만 채우고 8L에 절반만 채우게 해준다면 물을 나눠줄게!
꼭 풀어보자 얘들아!

13L, 8L, 2L짜리 물통이 한 개씩 있습니다. 13L짜리 물통에 물이 가득 차 있을 때, 물을 옮겨 13L짜리 물통에는 7L 물만 있고, 8L짜리 물통에는 절반의 물만 있도록 만드는 방법을 설명하세요. (단, 물통의 물은 버릴 수 없습니다.)

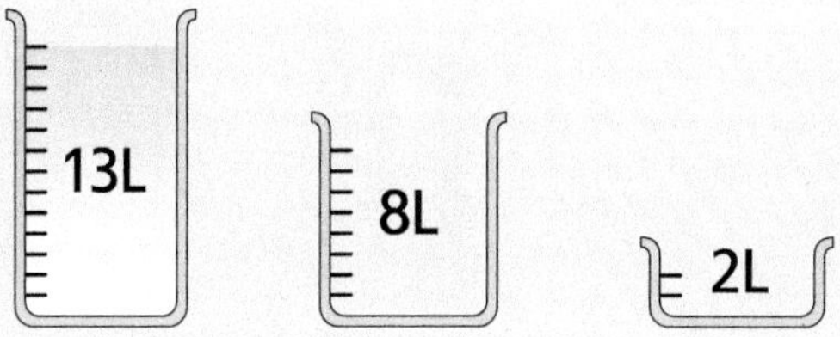
13L
8L
2L

Step 1 13L, 8L짜리 물통에 각각 물 7L와 4L가 있다면 2L짜리 물통에는 얼마만큼의 물이 있어야 할까요?

Step 2 각 물통에 위 **Step 1** 에서 구한 물의 양이 되도록 아래 표를 완성하세요.

횟수	13L	8L	2L	방법
0회	13L	0L	0L	13L 물통에 물이 가득 차 있습니다.
1회				
2회				
3회				
4회				

풀이

Step 1 13L짜리 물통에는 물 7L가 있어야 하고 8L짜리 물통에는 절반인 4L가 있어야 합니다. 세 물통 중에서 13L짜리 물통에만 물이 가득 차 있으므로 물은 총 13L가 있습니다. 13L와 8L에 있는 물은 7 + 4 = 11L이고 물을 버리지 못하므로 나머지 2L짜리 물통에는 가득 찬 2L의 물이 있어야 합니다.

따라서 마지막에는 13L, 8L, 2L짜리 물통에 각각 7L, 4L, 2L 물이 있어야 합니다.

Step 2 〈표〉의 방법에 따라 물을 옮길 때, 4회차에 13L, 8L, 2L짜리 물통에는 각각 7L, 4L, 2L 물이 들어있게 됩니다.

횟수	13L	8L	2L	방법
0회	13L	0L	0L	13L 물통에 물이 가득 차 있습니다.
1회	5L	8L	0L	13L 물통의 물을 8L 물통에 가득 채웁니다.
2회	5L	6L	2L	8L 물통의 물을 2L 물통에 가득 채웁니다.
3회	7L	6L	0L	2L 물통의 물을 13L 물통에 모두 붓습니다.
4회	7L	4L	2L	8L 물통의 물을 2L 물통에 가득 채웁니다.

<표>

정답 : 풀이 과정 참조

확인하기

10L, 7L, 2L짜리 물통이 한 개씩 있습니다. 10L짜리 물통에 물이 가득 차 있을 때, 이 물통을 이용해 1L 물을 재는 방법을 설명하세요. (단, 물통의 물은 버릴 수 없습니다.)

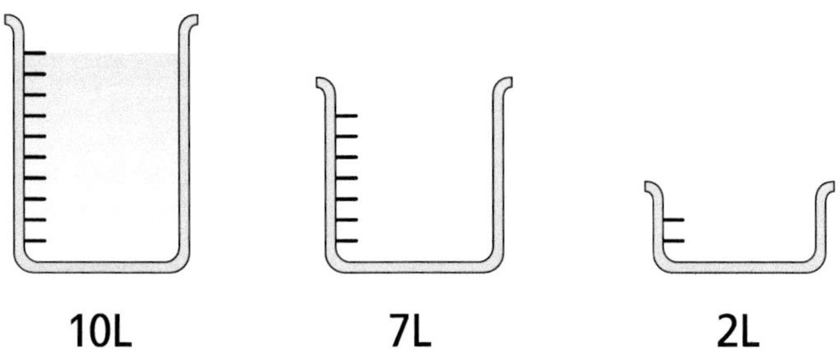

01 무우가 프라이팬 위에 생선을 굽는데, 한 번에 2개의 생선만 구울 수 있습니다. 앞면을 굽는데 3분이 걸리고 뒷면을 굽는데 2분이 걸린다고 합니다. 무우가 3개의 생선을 가장 빨리 구우려면 최소한 몇 분이 걸리는지 구하세요.

02 12L, 8L, 3L짜리 물통이 한 개씩 있습니다. 세 물통을 이용해 1L 물을 재는 방법을 2가지 이상 설명하세요.

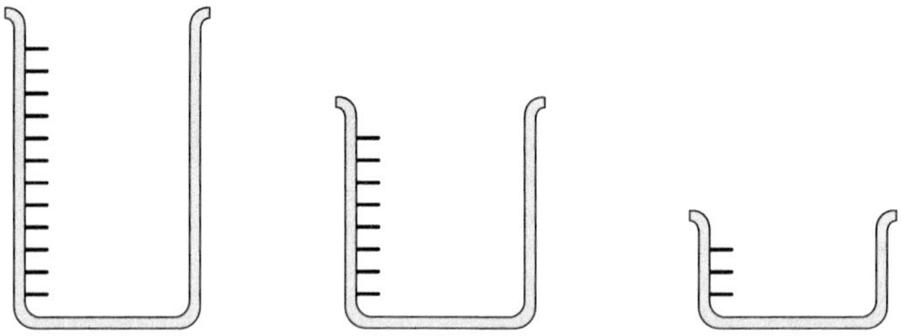

12L 8L 3L

03 4분, 10분짜리 모래시계가 한 개씩 있습니다. 이 두 모래시계로 1분부터 10분까지 1분 간격으로 잴 수 있는 시간을 모두 구하세요.

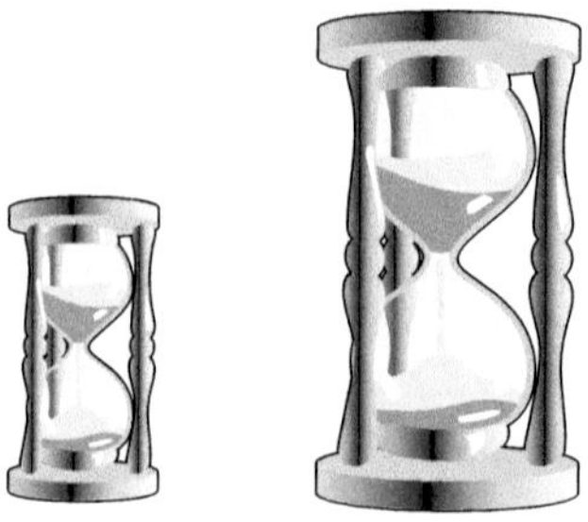

4분 10분

04

150mL, 400mL, 500mL짜리 물통이 한 개씩 있습니다. 이 물통을 모두 한 번 이상 이용해 750mL짜리 물통에 물을 가득 채우는 방법을 설명하세요.

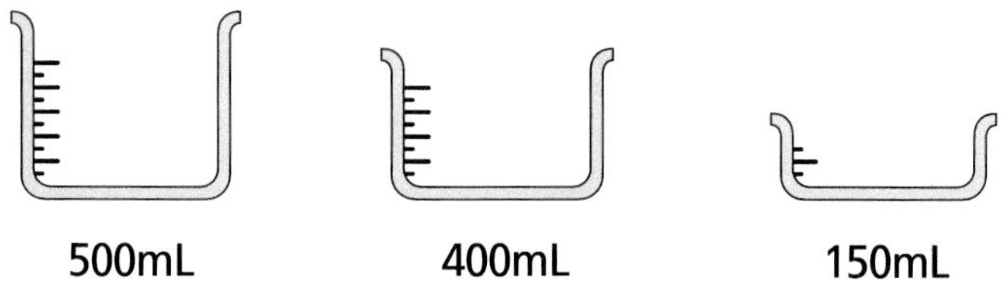

05

7L, 5L짜리 물통이 한 개씩 있습니다. 두 물통을 이용해 6L 물을 재는 방법을 설명하세요.

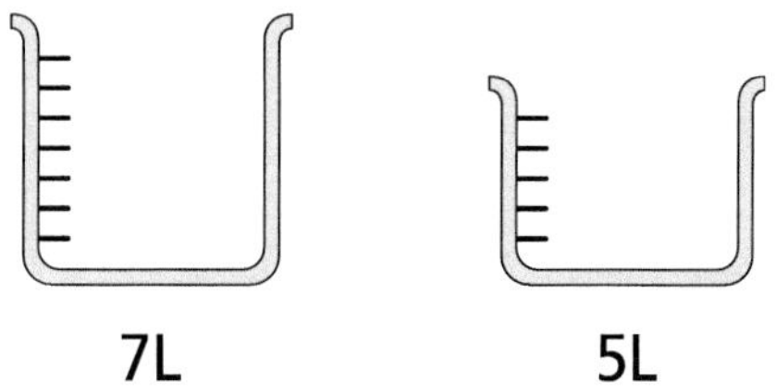

06

1분, 7분, 11분짜리 모래시계가 한 개씩 있습니다. 3개의 모래시계를 각각 한 번 이상 뒤집어 5분을 재는 방법을 구하세요.

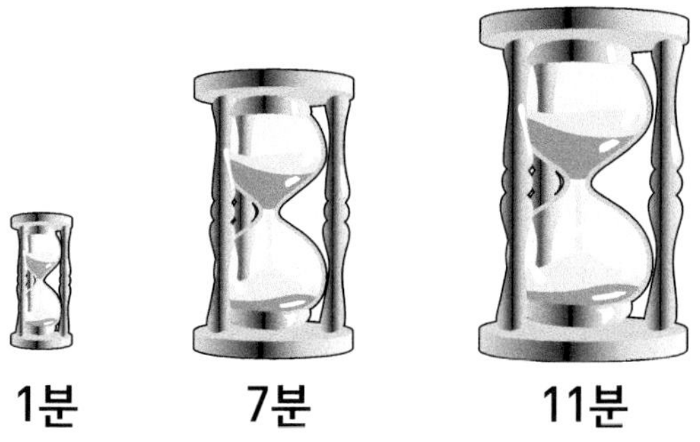

07 5분, 8분, 12분짜리 모래시계가 한 개씩 있습니다. 모래시계를 뒤집는 횟수를 가장 적게 하여 57분을 재는 방법을 구하세요.

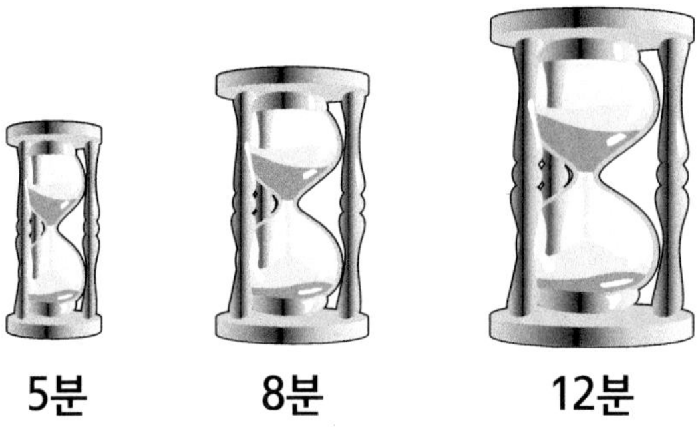

08 15L, 7L, 3L짜리 물통이 한 개씩 있습니다. 15L짜리 물통에 물이 가득 차 있을 때, 15L와 3L짜리 물통에 각각 6L, 2L 물이 있도록 만드는 방법을 설명하세요. (단, 물통의 물은 버릴 수 없습니다.)

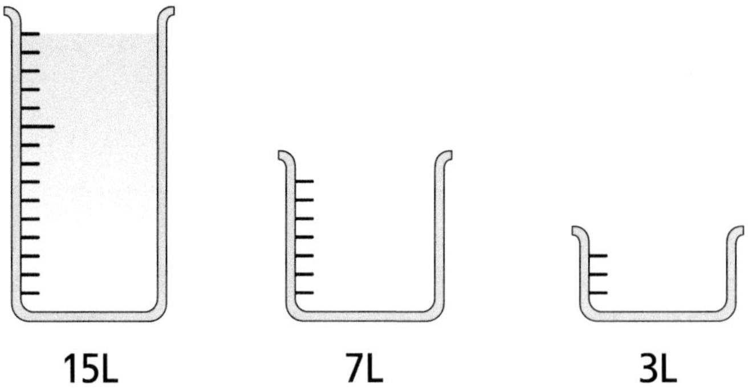

09 12L, 9L, 5L짜리 물통이 한 개씩 있습니다. 12L짜리 물통에 물이 가득 차 있을 때, 12L와 9L짜리 물통에 각각 6L 물이 있도록 만드는 방법을 설명하세요.(단, 물통의 물은 버릴 수 없습니다.)

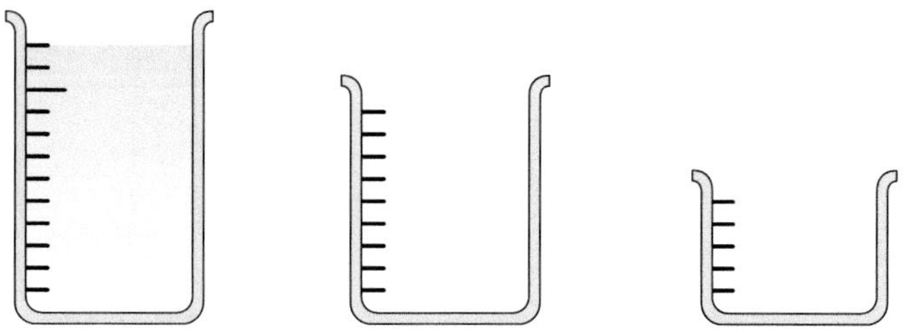

10 3개의 모래시계 A, B, C가 있습니다. 조건을 통해 모래시계 A, B, C의 알맞은 시간을 각각 구하세요.

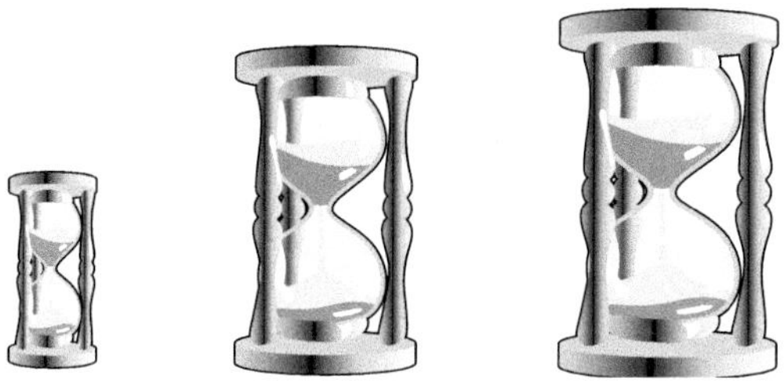

조건

① 모래시계 **A**와 **B**를 동시에 뒤집은 후 **A**의 모래가 다 떨어졌을 때, 모래시계 **B**에는 4분이 남아있습니다.

② 모래시계 **B**와 **C**를 동시에 뒤집은 후 **B**의 모래가 다 떨어졌을 때, 모래시계 **C**에는 2분이 남아있습니다.

③ 모래시계 **A**를 뒤집는 순간 바로 시간을 재기 시작합니다.
이후 **A**의 모래가 다 떨어졌을 때, 모래시계 **C**를 바로 뒤집습니다.
이후 **C**의 모래가 다 떨어졌을 때, 시간을 잰 지 총 10분이 지났습니다.

01 10L, 7L, 3L짜리 물통이 한 개씩 있습니다. 10L짜리 물통에 물이 가득 차 있을 때, 10L와 7L짜리 물통에 각각 5L씩 있도록 만드는 방법을 설명하세요. (단, 물통의 물은 버릴 수 없습니다.)

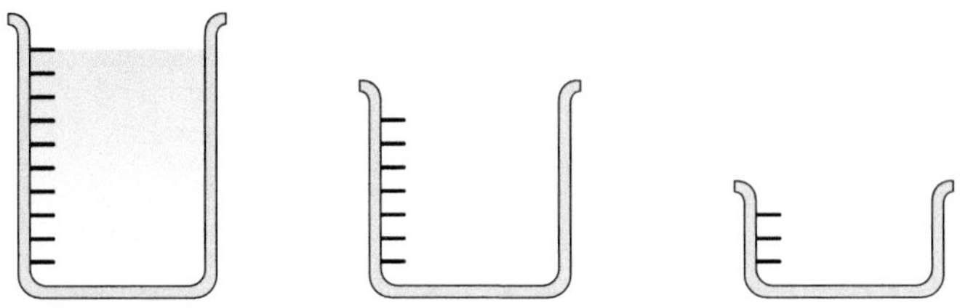

정답 및 풀이 P.12

02 8분, 10분, 16분짜리 모래시계가 한 개씩 있습니다. 3개의 모래시계를 각각 한 번 이상 뒤집어 60분을 재는 방법을 3가지 이상 구하세요.

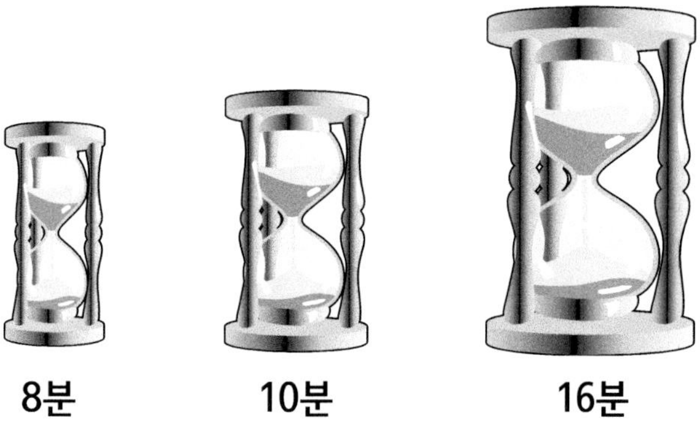

03 3개의 물통 A, B, C가 있습니다. 조건을 참고로 물통 A, B, C의 알맞은 들이를 각각 구하세요.

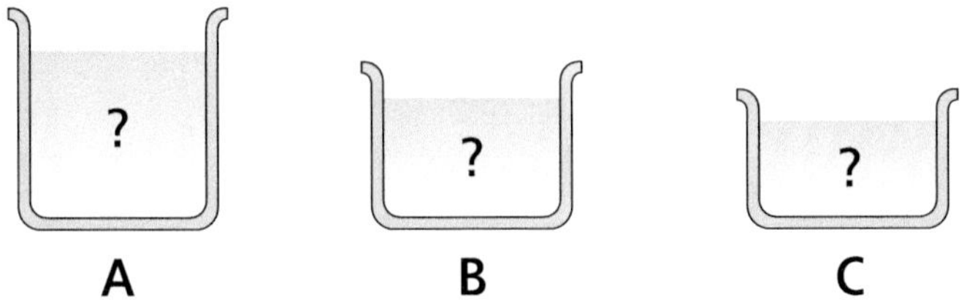

조건

① 가득 찬 **A**의 물을 **C**에 가득 채우면 **A**에는 3L의 물이 남아있습니다.

② 가득 찬 **B**의 물을 **C**에 가득 채우면 **B**에는 1L의 물이 남아있습니다.

③ **A**와 **B**의 들이의 합은 **C**의 들이의 3배입니다.

04

3L, 8L, 12L짜리 물통이 한 개씩 있습니다. 12L짜리 물통에 물이 가득 차 있을 때, 1L부터 12L까지 1L 간격으로 만들 수 없는 들이는 무엇인지 구하세요. (단, 한 물통의 정확한 들이로 만들어야 합니다. 물통의 물은 버릴 수 없습니다.)

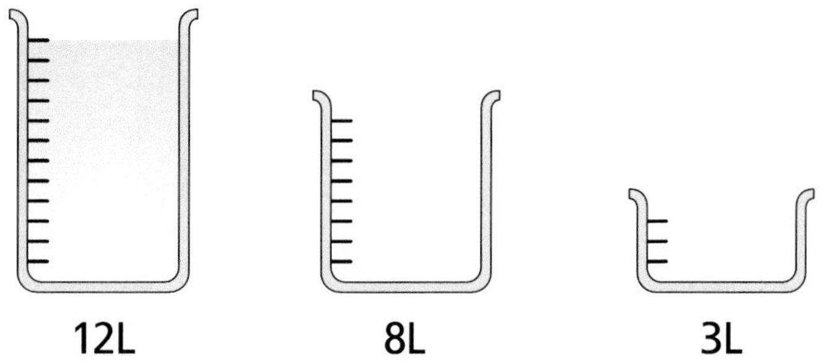

01 60L, 15L, 12L, 7L짜리 물통이 한 개씩 있습니다. 4개의 물통 중에 15L와 12L에 물이 가득 차 있을 때, 60L 안에 물 13L가 남게 하는 방법을 설명하세요. (단, 물통의 물은 버릴 수 없습니다.)

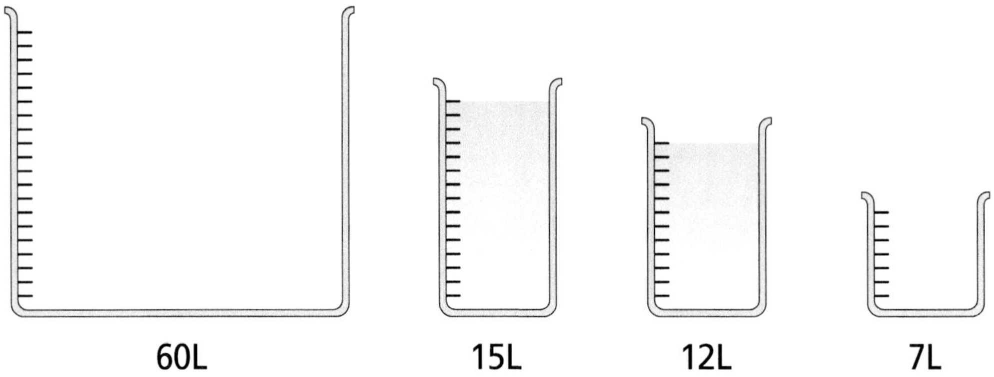

제과점
어서오세요
OPEN
우리 쿠키 사자!
출출했는데 좋앙! 맛있겠당.
내가 만든 쿠키 모양이 달라서 굽는 시간이 서로 다르네..어쩌지?
하아..
오잉?
어? 무슨 일이지?

제과점 주인은 아래와 같은 고민을 하고 있었습니다.

> 내가 만든 7개 쿠키의 모양이 서로 달라서 굽는 시간이 각각 3분, 4분, 5분, 6분, 6분, 7분, 7분이 걸려.. 그런데 한 번에 오븐에 넣을 수 있는 쿠키의 양은 3개뿐인데, 어떻게 쿠키를 구울까?

이를 들은 무우와 상상이는 각각 7개의 쿠키를 모두 굽는데 드는 최소 몇 분에서 최대 몇 분까지 걸리는지 구했습니다. (단, 오븐 안의 쿠키가 다 구워지면 바로 꺼내고 다른 쿠키를 오븐 안에 넣습니다.) 과연 두 사람이 구한 시간은 최소 몇 분에서 최대 몇 분일까요?

아르헨티나에서 둘째 날 모든 문제 끝~!
엘 깔라파테로 이동하는 무우와 친구들에게 어떤 일이 일어날까요?

칠교판?

'칠교'는 아래 <그림>과 같이 일곱 개의 도형으로 이루어져 있습니다.

'칠교놀이'는 여러 가지 모양을 그려 놓은 도형 위에 일곱 개의 조각을 겹쳐 놓는 놀이입니다.

1803년에 중국에서 처음 시작된 칠교놀이를 '지혜판'이라고 불렀습니다. 서양에서는 '7인의 마법사'라는 별칭을 가지게 되었고 영어로 '탱그램(Tangram)'이라고 합니다.

과거의 우리나라에서는 집에 손님이 왔을 때 음식을 준비하거나 사람을 기다리는 시간에 지루하지 않도록 주인이 칠교판을 내어놓기도 하여, 이를 '유객판' 또는 '유객도'라고도 했습니다.

〈칠교판〉

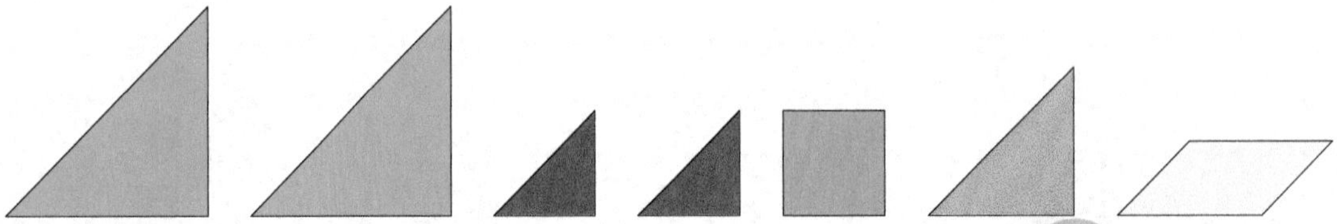

〈그림〉

3. 덮기와 넓이

엘 깔라파테 공항
도착~!
와아 ~
날씨 좋다.
엘 깔라파테 공항 건물 좀 봐! 끝이 뾰족뾰족해.
뾰족 ~
신기행..
어라? 정말이네!
공항을 보니 재미있는 문제가 생각났어. 이런 뾰족한 톱날 같은 도형을 평평하게 만들려면 어떤 넓이의 도형으로 톱날을 채워 넣어야 할까?
같이 풀어보자 얘들아!
넓이? 덮기?

부에노스 아이레스
미니스토로 피스타리니 국제공항
엘 깔라파테 공항
아르헨티나
Argentina

아르헨티나 셋째 날 DAY 3

무우와 친구들은 아르헨티나에서의 셋째 날,
<엘 깔라파테 공항>에 도착했어요.
자, 그럼 먼저 버스를 타고 이동하며 배를 채워 볼까요?
무우와 친구들은 버스를 타고 어느 목적지로 이동 중일까요?
함께 떠나보아요~

궁금해요

공항 버스 정류장
얘들아 버스 왔어. 뛰어와 얼른!
STOP
끼익
빙하 보러 가장!
가면서 4명이 공평하게 나눠 먹자
난 삼각형으로 자를래!
둘 중에 어떤 모양으로 잘라야지 공평하게 먹을 수 있지?
난 정사각형 조각으로 자를래.

<그림>과 같이 초콜릿이 있습니다. 무우와 상상이는 각각 <조각 ⓐ, ⓑ> 모양으로 초콜릿을 자르려고 합니다. 4명이 공평하게 초콜릿을 먹을 수 있게 나누는 사람은 누구일까요?

6
10
<그림>

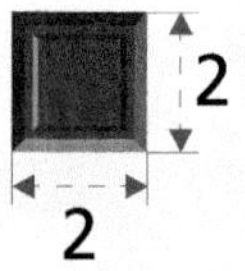
2
2
<조각 ⓐ>

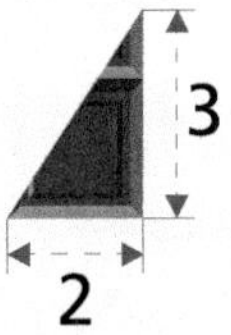
3
2
<조각 ⓑ>

1. 도형 덮기

오른쪽 칠교판의 일부 조각을 돌리고 뒤집어서 ① ~ ④와 같이 다른 조각을 빈틈없이 채울 수 있습니다.

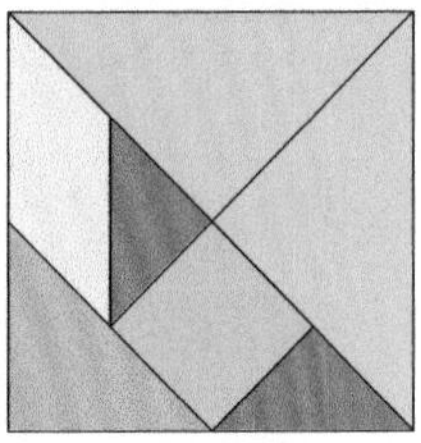
<칠교판>

①
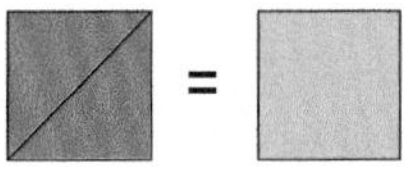

②
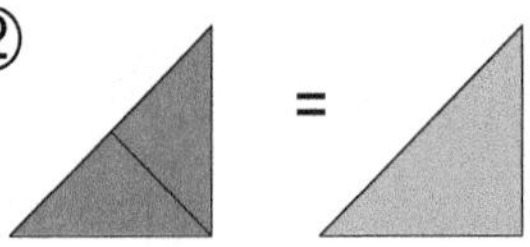

③
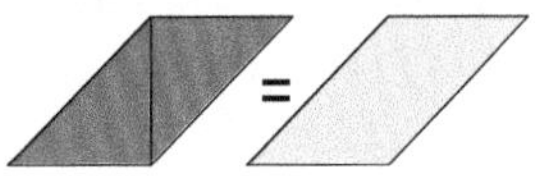

④
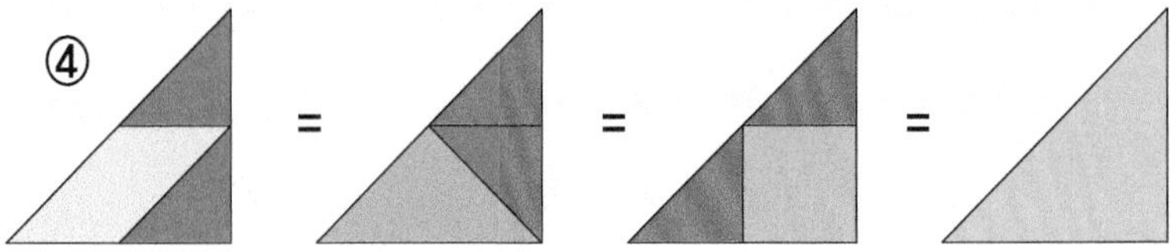

2. 도형의 넓이 비교하기

예시 문제 **<그림 1>과 <그림 2>의 색칠된 도형의 넓이를 비교하려고 합니다. 어떤 방법이 있을까요?**

<그림 1>

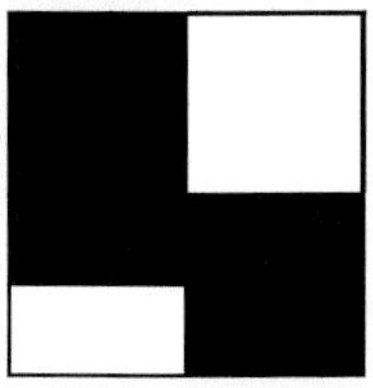

<그림 2>

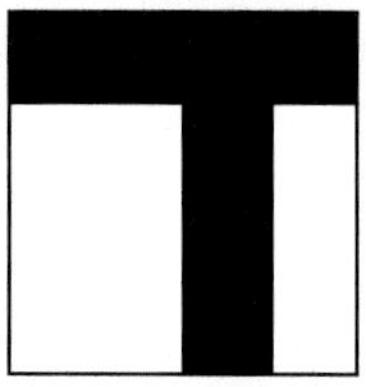

풀이 ① 〈그림 1〉은 정사각형의 개수가 총 10개이고 〈그림 2〉는 정사각형의 개수가 총 7개입니다. 따라서 〈그림 1〉의 넓이가 더 넓습니다.

<그림 3>

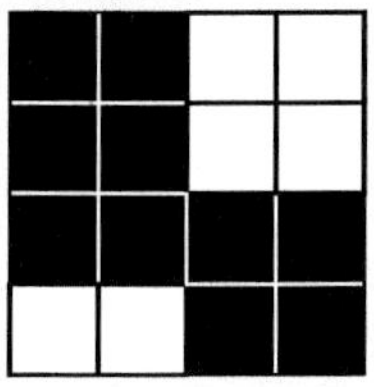

<그림 4>

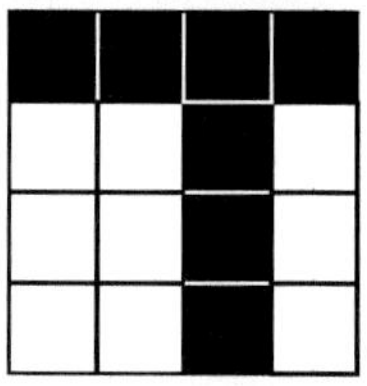

② 도형의 색칠된 부분을 분수로 나타낼 수 있습니다. 〈그림 3〉은 전체 정사각형 16개 중 10개가 색칠되어 있으므로 색칠된 부분은 $\frac{10}{16}$ 입니다.
마찬가지로 〈그림 4〉는 전체 정사각형 16개 중 7개가 색칠되어 있으므로 색칠된 부분은 $\frac{7}{16}$ 입니다. 따라서 〈그림 3〉의 넓이가 더 넓습니다.

〈조각 ⓐ〉를 〈그림〉에 빈틈없이 〈도형 ㉠〉과 같이 채웁니다. 그러면 〈조각 ⓐ〉의 모양으로 15조각의 초콜릿으로 나눠집니다.
〈조각 ⓑ〉를 뒤집거나 돌려서 〈그림〉에 〈도형 ㉡〉과 같이 빈틈없이 채웁니다. 그러면 〈조각 ⓑ〉의 모양으로 20조각의 초콜릿 조각으로 나눠집니다.
네 명이 공평하게 초콜릿을 먹기 위해서는 〈조각 ⓑ〉 모양으로 나눠 20조각의 초콜릿을 만들면 됩니다.
따라서 상상이가 〈조각 ⓑ〉 모양으로 초콜릿을 자르면 4명이 5개씩 초콜릿을 공평하게 먹을 수 있습니다.

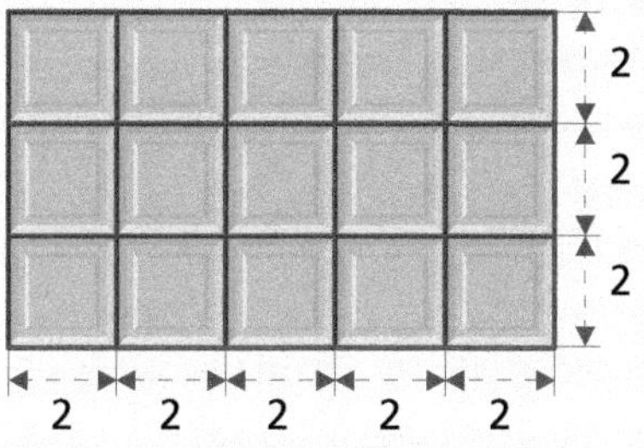

〈도형 ㉠〉

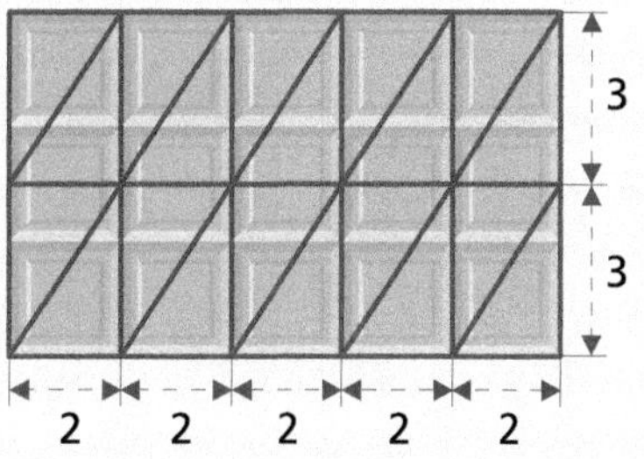

〈도형 ㉡〉

정답 : 상상이

3 대표문제!

1. 도형 덮기

<조각>이 여러 개씩 있습니다. 이 <조각>을 이용하여 <도형>을 덮을 때, 조각을 가장 많이 사용할 때의 개수와 가장 적게 사용할 때의 개수를 각각 구하세요.

<조각> <도형>

Step 1  의 넓이가 1일 때, 나머지 세 조각의 넓이를 각 빈칸에 적으세요.

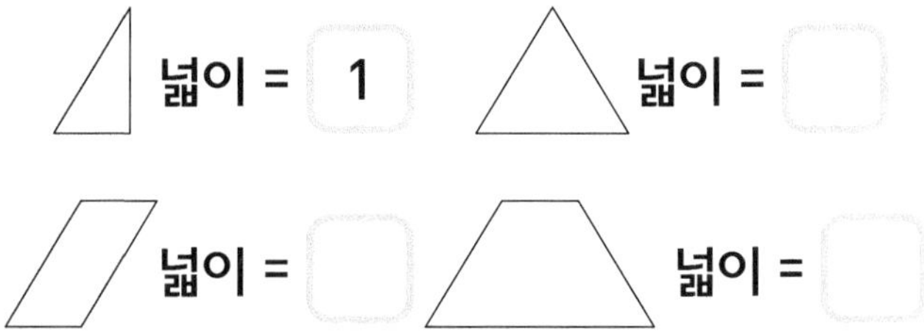

Step 2 다음 <도형 1>을 덮을 때, 조각을 많이 사용하기 위해 넓이가 좁은 조각부터 덮습니다. 가장 많이 사용할 때, 조각의 개수를 구하세요.

Step 2 다음 <도형 2>을 덮을 때, 조각을 적게 사용하기 위해 넓이가 넓은 조각부터 덮습니다. 가장 적게 사용할 때, 조각의 개수를 구하세요.

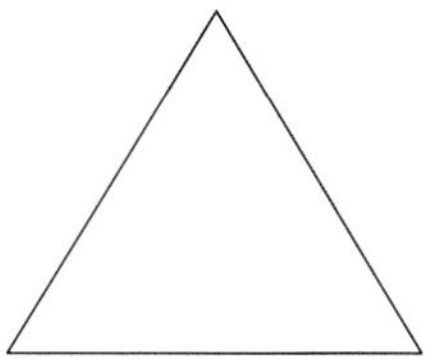

<도형 1>

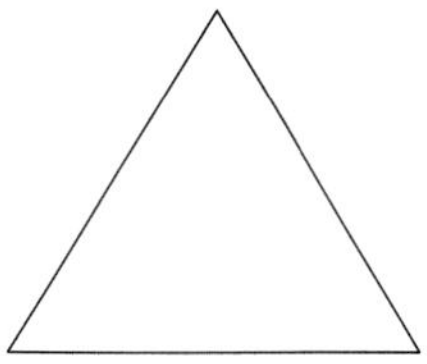

<도형 2>

풀이

Step 1  의 넓이가 1이므로 <그림 1>과 같이 나머지 그림을  으로 빈틈없이 덮을 수 있습니다. <그림 1>과 같이 각각의 넓이는 2, 2, 4입니다.

<그림 1>

Step 2 넓이가 가장 좁은 조각은  입니다. 아래 <그림 2>와 같이 큰 삼각형 위에  을 뒤집고 돌려서 빈틈없이 덮을 수 있습니다. 총 사용한 조각의 개수는 8개입니다.

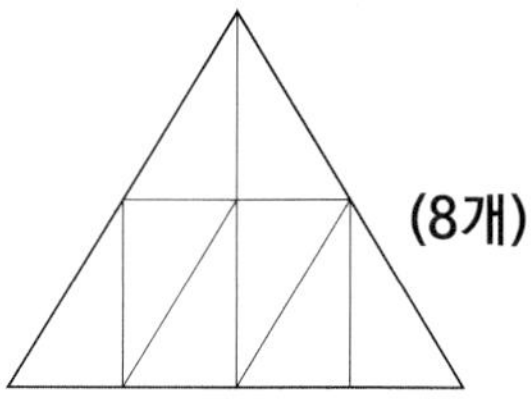

<그림 2>

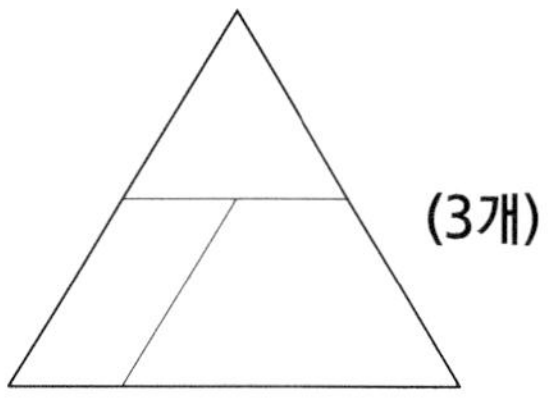

<그림 3>

Step 3 넓이가 가장 넓은 조각은 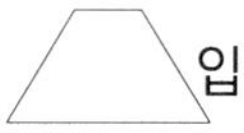 입니다. 위 <그림 3>과 같이 큰 삼각형 위에 먼저 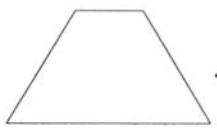 을 올려놓은 후 나머지 빈틈에 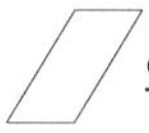 와 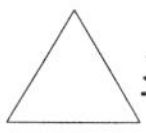 조각으로 덮습니다. 총 사용한 조각의 개수는 3개입니다.

정답 : 가장 많이 사용한 조각의 개수 = 8개

가장 적게 사용한 조각의 개수 = 3개

확인하기 <조각>과 같은 모양의 조각을 여러 개씩 이용하여 아래 <도형>을 덮으려고 합니다. 조각을 가장 많이 사용할 때와 가장 적게 사용할 때의 개수를 각각 구하세요.

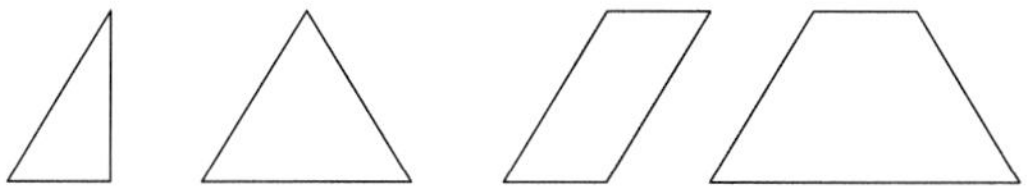

<조각>

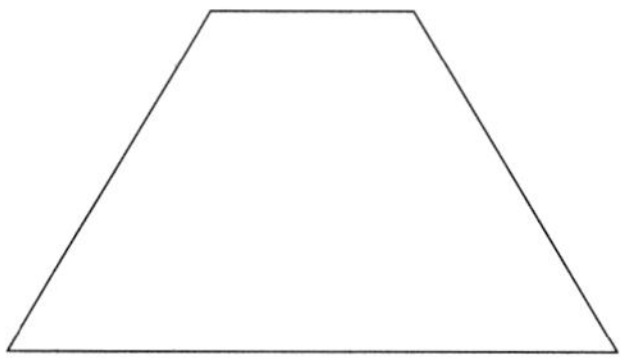

<도형>

2. 도형의 넓이 비교하기

윱살라 빙하
크루즈선이 정말 크네.
우와..
빙하들이 너무 예뻐!
어떻게 빙하가 저런 빛이 나지?!
반짝~
정말 아름답다.
2~3시간 정도 트레킹할 예정입니다.
제이야, 가이드 말 집중해서 들어.
크으..
짱이다..! 빙하 위를 걷다니!
어라? 저기 바닥에 칠교판이 떨어져있어!
진짜네~ 흠. 칠교판으로 빙하 조각의 넓이를 비교해 보자!
오잉?!

오른쪽 <칠교판>을 7조각으로 나누어 칠교 조각을 만들었습니다. 모눈 한 칸의 넓이가 1입니다. 도형 ⓐ, ⓑ, ⓒ를 칠교 조각으로 덮어서 넓이가 가장 넓은 도형과 가장 좁은 도형을 각각 찾으세요.

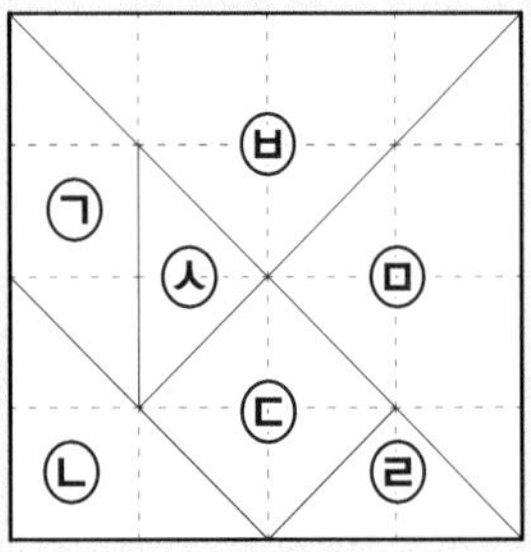
㉠
㉡
㉢
㉣
㉤
㉥
㉦
<칠교판>

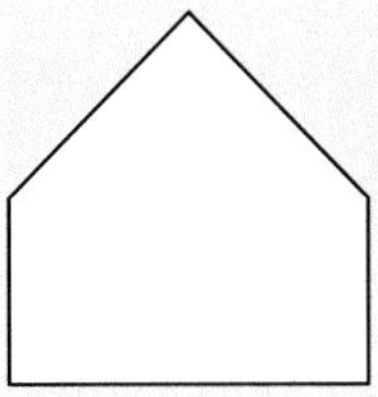
<도형 ⓐ>

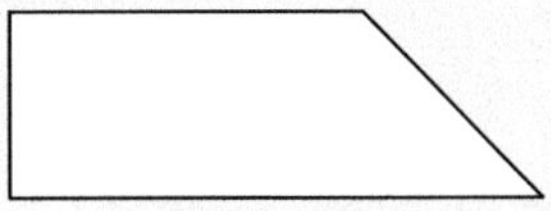
<도형 ⓑ>

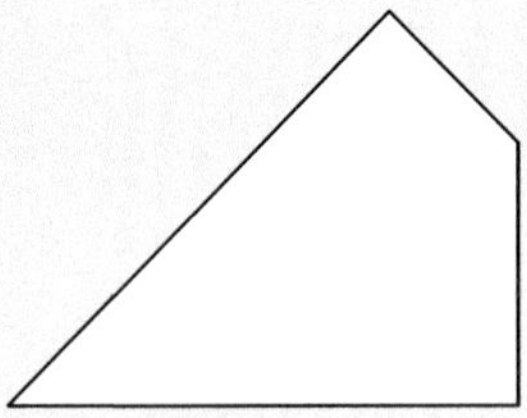
<도형 ⓒ>

Step 1 모눈 한 칸의 넓이가 1일 때, 알맞은 각 조각의 넓이를 빈칸에 각각 적으세요.

㉠ = ☐ ㉢ = ☐ ㉡ = ☐ ㉥ = ㉤ = ☐ ㉦ = ㉣ = ☐

Step 2 아래 도형 ⓐ, ⓑ, ⓒ를 칠교 조각으로 덮어서 각각 도형의 넓이를 구하세요.

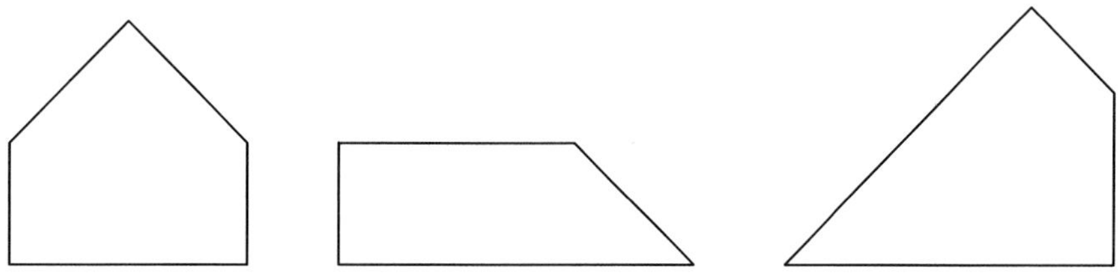

<도형 ⓐ> <도형 ⓑ> <도형 ⓒ>

Step 3 넓이가 가장 넓은 도형과 가장 좁은 도형은 무엇일까요?

풀이

Step 1 모눈 한 칸의 넓이가 1이므로 ㉦ = ㉣ = 1입니다.
모눈 칸이 2개인 ㉠, ㉢, ㉡의 넓이는 각각 2입니다.
나머지 ㉥, ㉤의 넓이는 각각 4입니다.

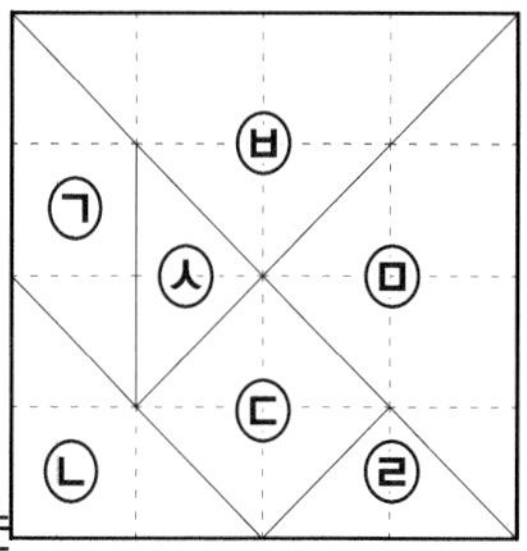

<칠교판>

Step 2 위 Step 1 에서 구한 칠교 조각의 각 넓이를 이용해 도형 ⓐ, ⓑ, ⓒ의 넓이를 구합니다.
아래 도형 ⓐ와 같이 칠교 조각으로 덮을 수 있고 넓이는 6입니다.
도형 ⓑ는 칠교 조각으로 덮을 수 있고 넓이는 5입니다.
도형 ⓒ는 칠교 조각으로 덮을 수 있고 넓이는 7입니다.

Step 3 따라서 도형 ⓐ, ⓑ, ⓒ 중에 넓이가 가장 넓은 도형은 도형 ⓒ이고 가장 좁은 도형은 도형 ⓑ입니다.

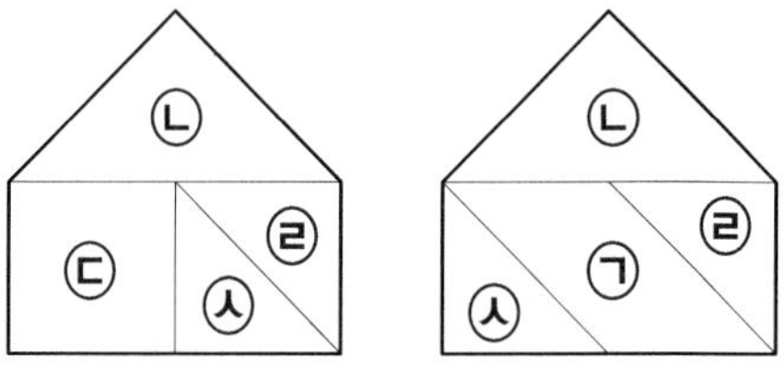

<도형 ⓐ> 넓이 : 6

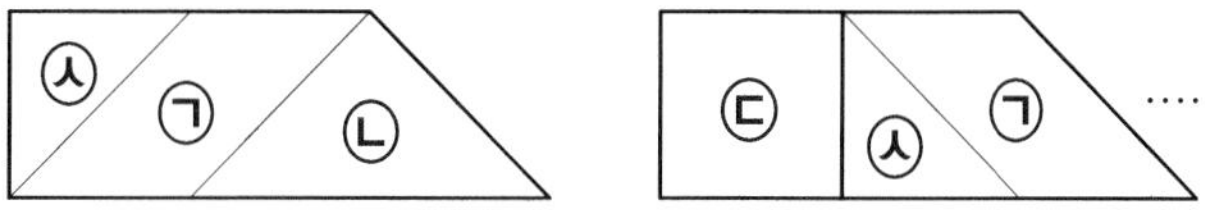

<도형 ⓑ> 넓이 : 5

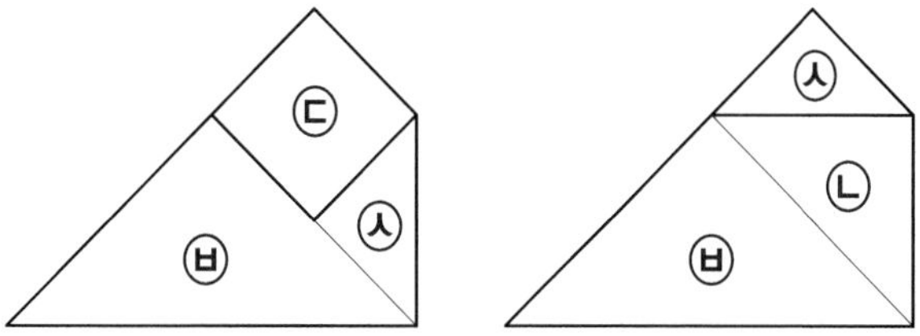

<도형 ⓒ> 넓이 : 7

정답 : 넓이가 가장 넓은 도형 = 도형 ⓒ, 넓이가 가장 좁은 도형 = 도형 ⓑ

확인하기 사각형 위에 도형 ⓐ, ⓑ를 색칠했습니다. 어떤 도형의 넓이가 더 넓을까요?

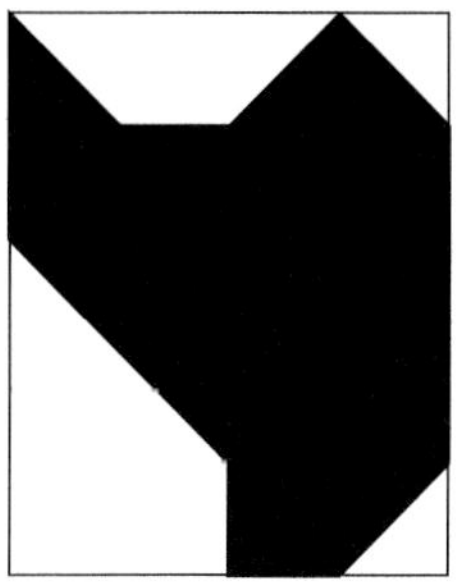

<도형 ⓐ>

<도형 ⓑ>

3 연습문제

01 아래 <도형>의 색칠한 부분의 넓이는 왼쪽 정삼각형의 몇 배인지 구하세요.

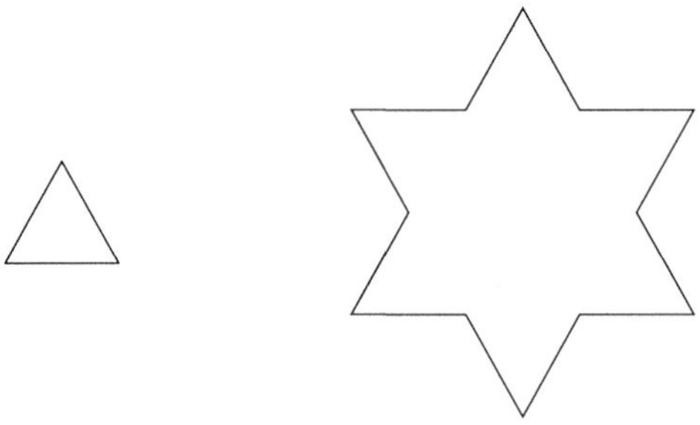

<도형>

02 <칠교판> 조각을 모두 사용하여 오른쪽 모양을 모두 덮어 그리세요.

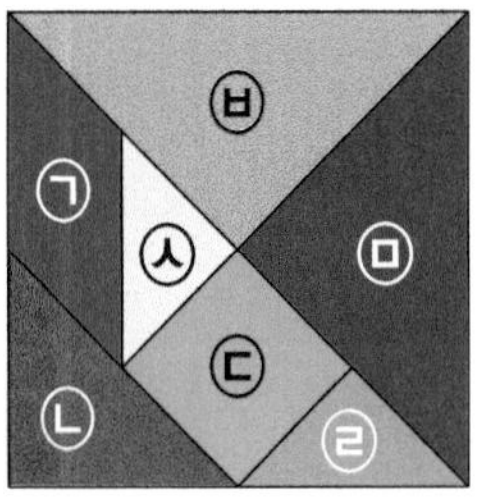

<칠교판>

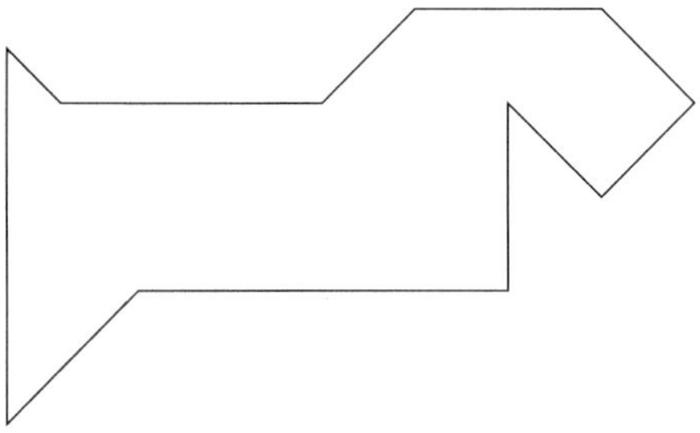

03 왼쪽 삼각형으로 오른쪽 사각형을 빈틈없이 채울 때, 삼각형이 모두 몇 개가 필요한지 구하세요.

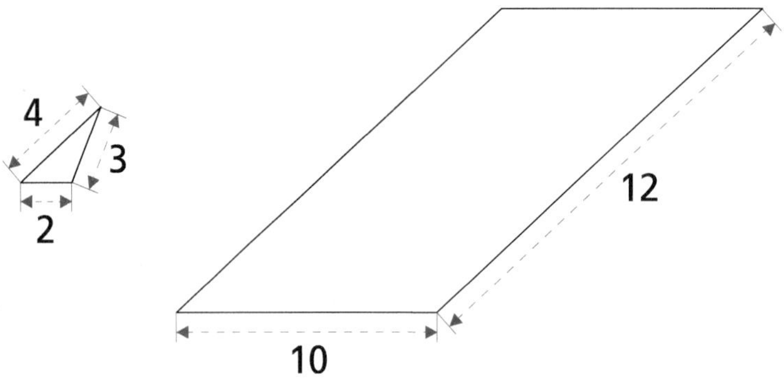

04 도형 ⓐ, ⓑ의 색칠된 부분을 분수로 각각 나타내세요.

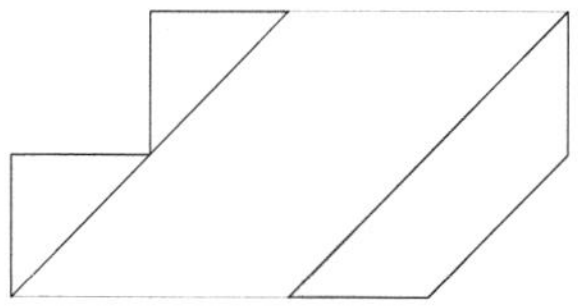

<도형 ⓐ>

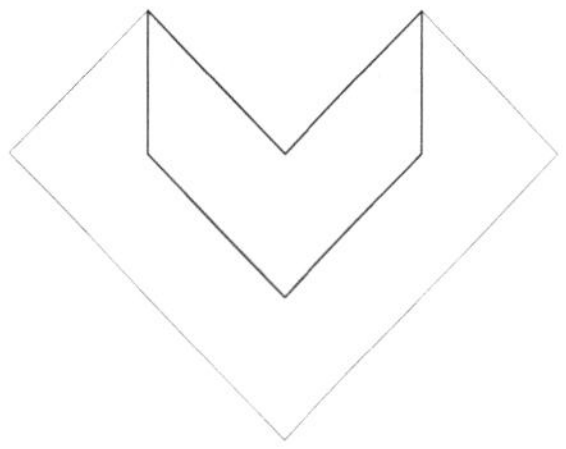

<도형 ⓑ>

05 삼각형 ⓐ의 넓이가 2이고 각 변을 3등분하여 팔각형 ⓑ를 만들었습니다. 팔각형 ⓑ의 넓이는 얼마일지 구하세요.

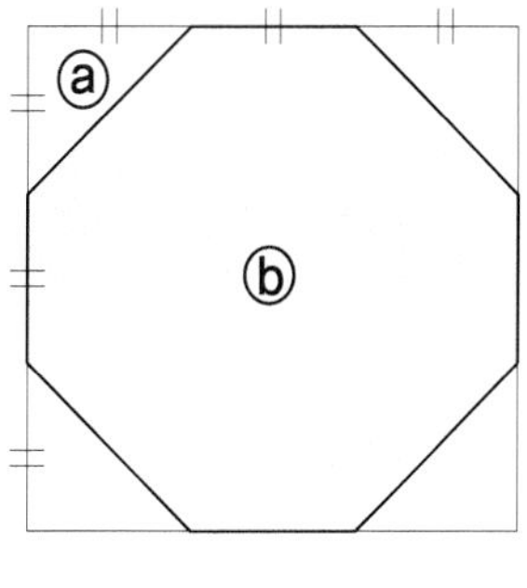

06 사각형 위에 도형 ⓐ, ⓑ를 색칠했습니다. 어떤 도형의 넓이가 더 넓을까요?

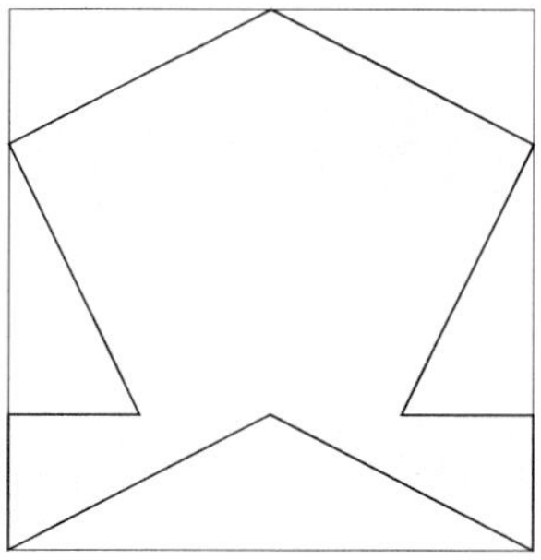

<도형 ⓐ>

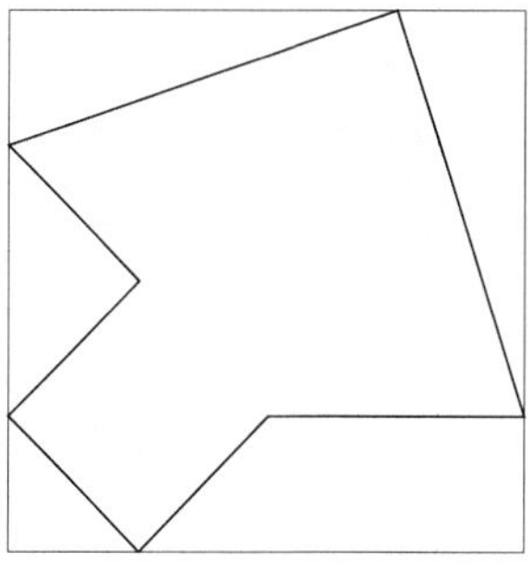

<도형 ⓑ>

07 〈칠교판〉의 조각 중에 4조각을 사용하여 〈예시〉와 같이 넓이가 8인 정사각형을 만드세요. (단, 모눈 한 칸의 넓이는 1입니다.)

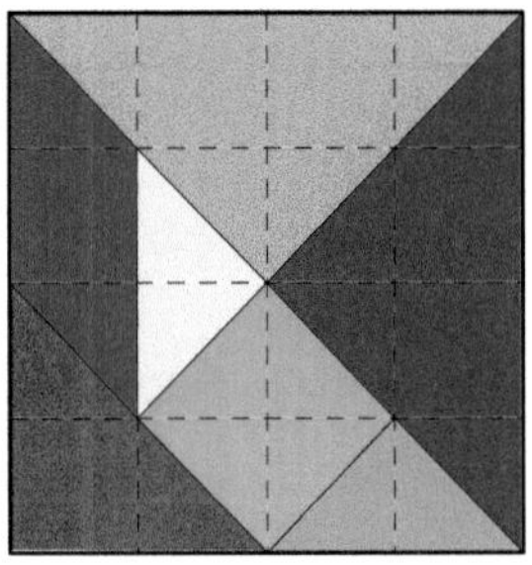

<칠교판>

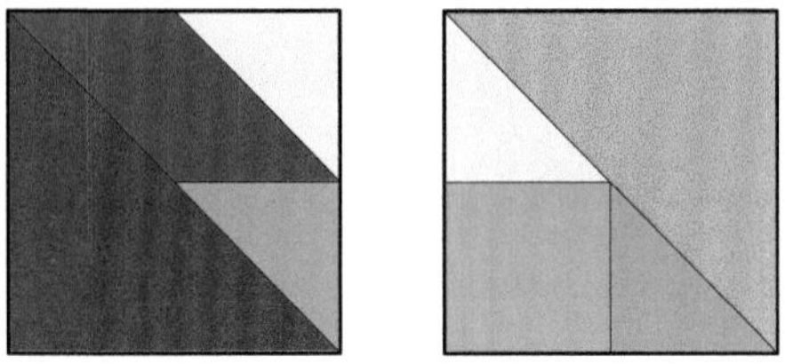

<예시>

08 보기와 같이 5개의 조각이 여러 개씩 있습니다. 5개 모양의 조각들로 〈도형〉을 덮으려고 합니다. 조각을 가장 많이 사용할 때와 가장 적게 사용할 때의 개수를 각각 구하세요.

보기

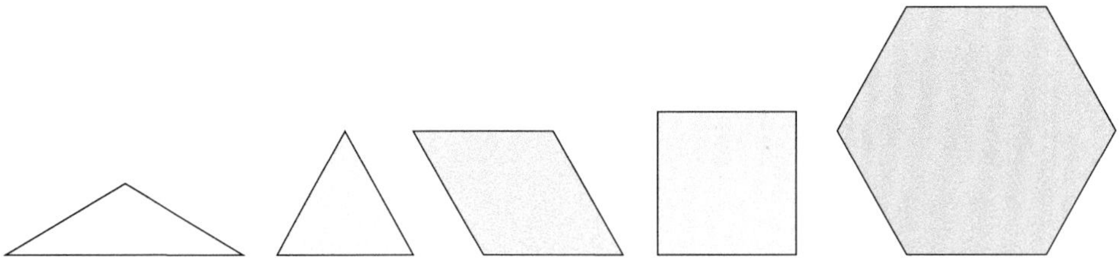

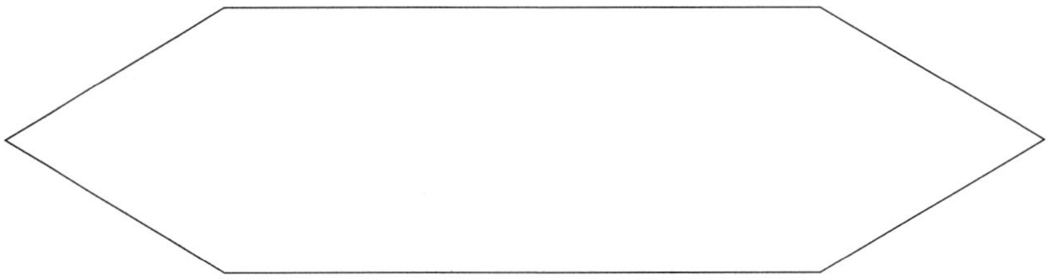

<도형>

09 <칠교판>의 모눈 한 칸의 넓이가 1입니다. 도형 ⓐ, ⓑ를 칠교 조각으로 각각 덮을 때, 두 도형 중 넓이가 더 넓은 도형을 찾으세요.

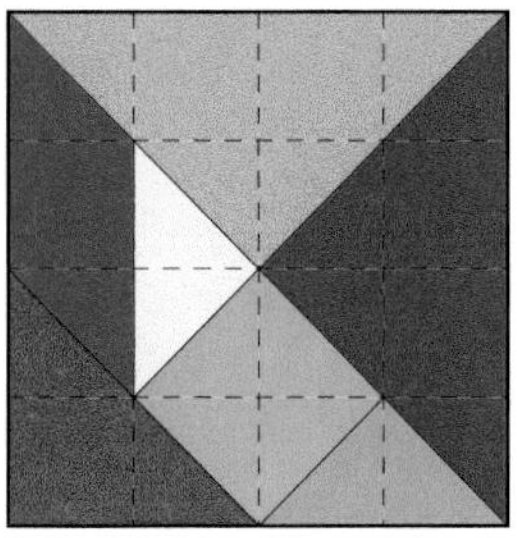

<칠교판>

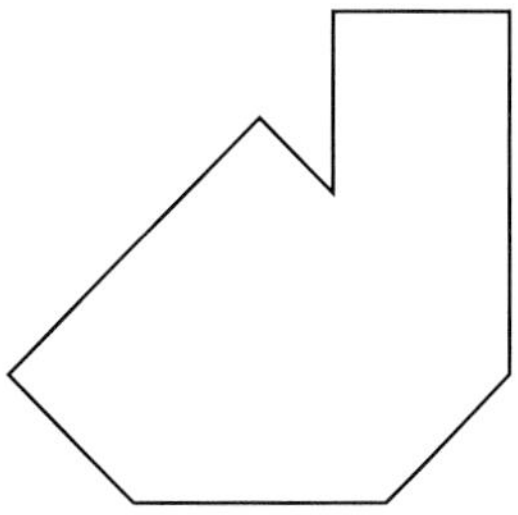

<도형 ⓐ>

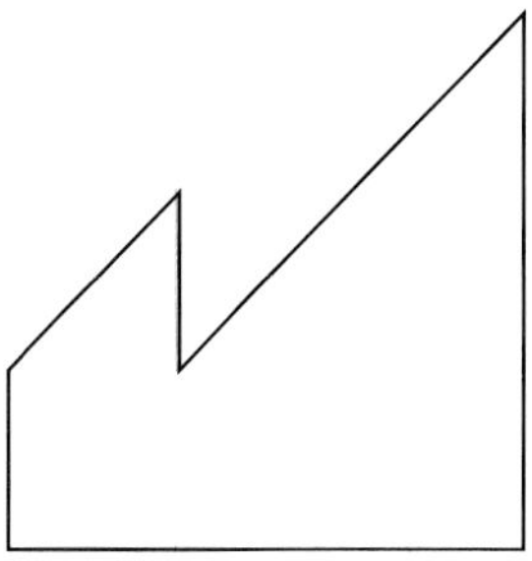

<도형 ⓑ>

10 보기와 같이 정사각형 조각 5개를 붙여 만든 도형을 펜토미노라고 합니다. 펜토미노 4조각을 모두 이용해 오른쪽 <도형>을 덮어 그리세요.

보기

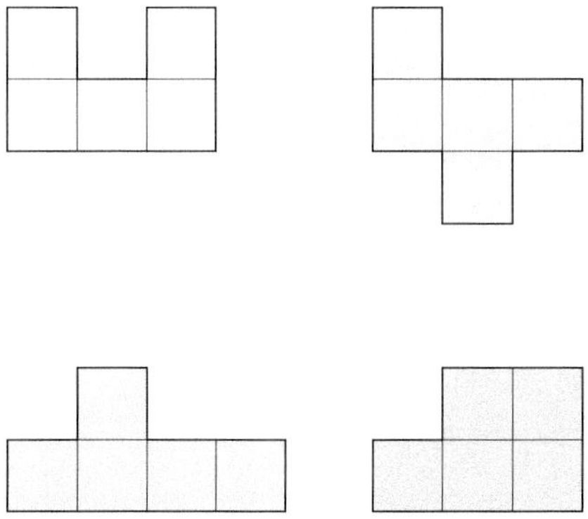

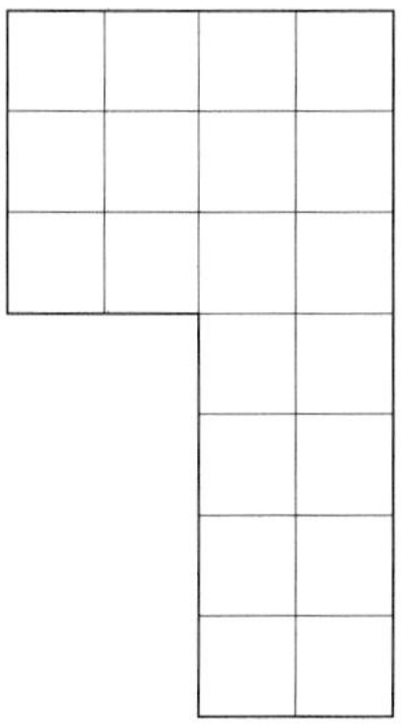

<도형>

01 색칠한 부분의 넓이의 합이 9일 때, 가장 큰 정삼각형의 넓이를 구하세요.

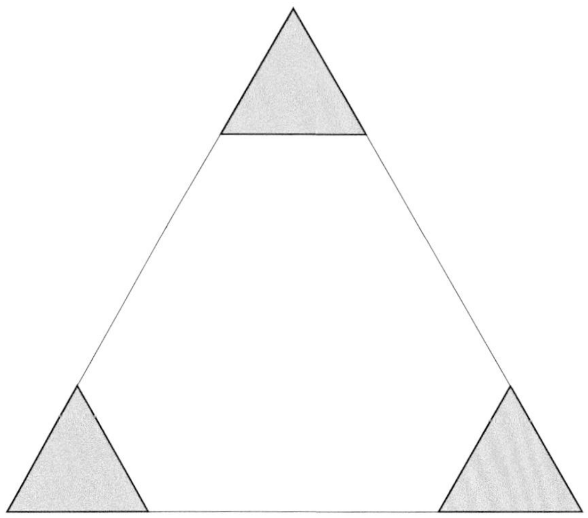

정답 및 풀이 P.18

02 보기와 같이 8개의 조각이 한 개씩 있습니다. 가장 적은 조각의 개수로 <도형>을 덮으려고 합니다. 어떤 조각들을 선택하면 되는지 구하세요.

보기

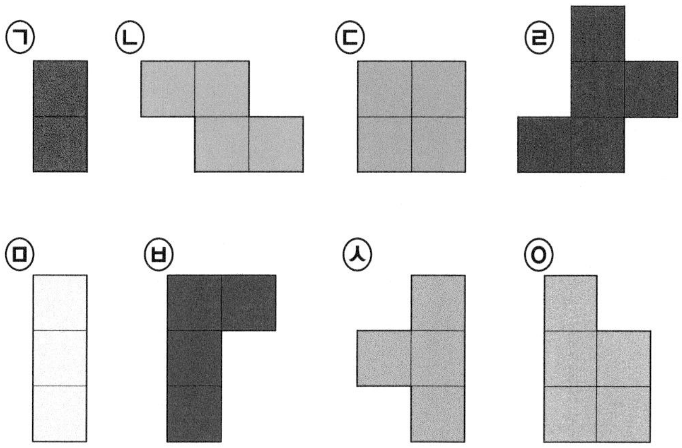

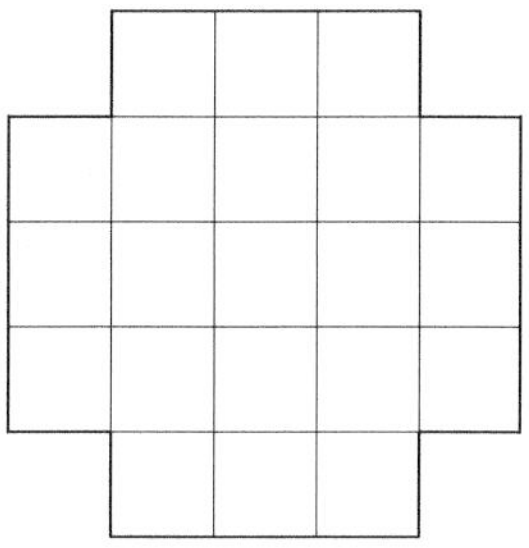

<도형>

03 보기와 같이 4개의 조각이 한 개씩 있습니다. 4개의 조각 중에 3개의 조각을 이용해 사각형을 만들려고 합니다. 만들 수 있는 사각형은 모두 몇 가지인지 구하세요. (단, 뒤집거나 돌려서 같은 모양은 같은 것으로 생각합니다. 아래 큰 사각형에 그려서 생각해 보세요)

보기

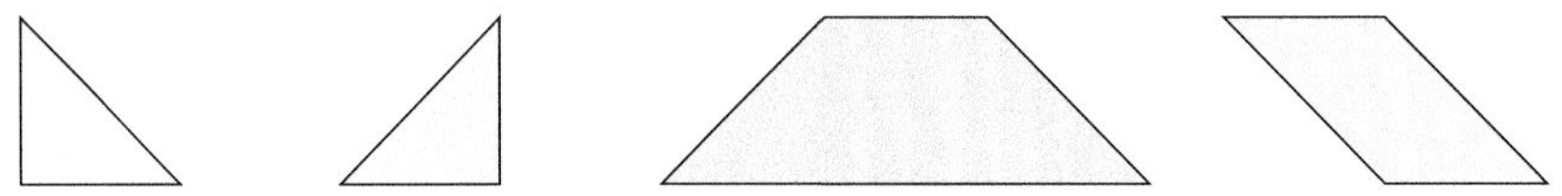

정답 및 풀이 P.19

04 보기와 같이 6개의 정삼각형을 붙인 도형을 헥시아몬드라고 합니다.
12개의 헥시아몬드 조각을 모두 이용해 <도형>을 덮으세요.

보기

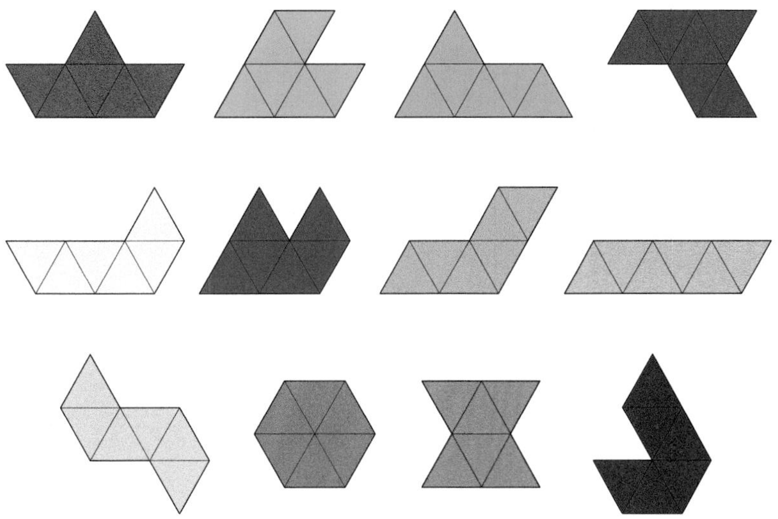

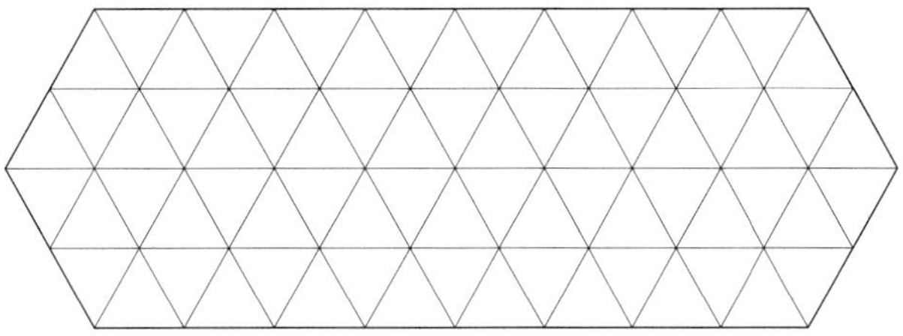

<도형>

01 색칠된 삼각형이 있습니다. 이 삼각형을 모눈선 방향으로만 잘라내어 넓이가 같은 사각형으로 바꾸는 방법은 모두 몇 가지일까요? (단, 뒤집거나 돌려서 같은 모양은 같은 것으로 생각합니다. 모눈 한 칸의 넓이는 1입니다.)

재미있는 조각을 찾았어!
흐흐..
이것 봐. 얘들아~! 딱 정육각형이다!
오. 재미있겠다~ 바로 해 볼게!
히히 ~
그럼 둘이서 각각 정육각형 전체의 7/12 만큼 색칠해 봐!

무우와 상상이는 서로 다른 모양의 조각으로 정육각형을 모두 덮은 후, 정육각형 전체의 $\frac{7}{12}$ 만큼 색칠했습니다.
과연 무우와 상상이가 어떤 방법으로 정육각형을 색칠했을지 <무우의 방법>과 <상상이의 방법>에 그리세요.

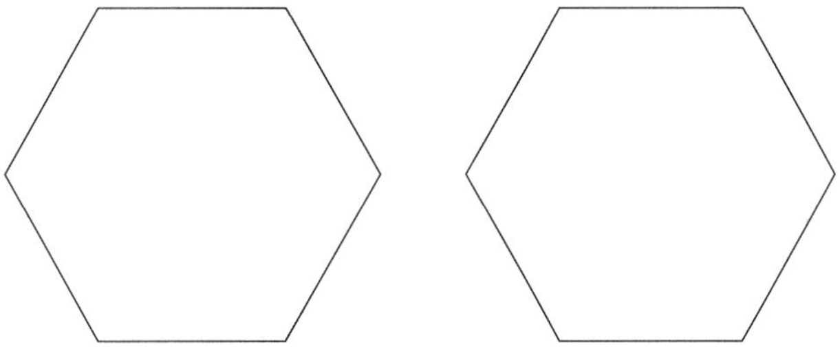

<무우의 방법> **<상상이의 방법>**

아르헨티나에서 셋째 날 모든 문제 끝~!
엘 찰튼으로 이동하는 무우와 친구들에게 어떤 일이 일어날까요?

무슨 빵을 먹게 될까요?

무우의 어머니는 외출을 하면서 여러개의 빵과 쪽지를 남겨 놓으셨습니다.

어머니가 남기신 쪽지를 본 무우는 고민에 빠졌습니다.

"길이가 서로 다른 기다란 빵을 엄마가 세 가지 모양으로 만들어 봤어.

바깥 둘레가 20cm인 빵이 너의 빵이니 그걸 먹으면 된단다! "

과연 무우의 빵은 어떤 모양일까요?

정답 및 풀이 P.20

4. 도형의 둘레

엘 찰튼
엘 찰튼 도착!!
EL CHALTEN
BIENVENIDOS
우와 ~
엄청 이쁘당.
이쁜 봉우리가 엄청 많당!
~ 멋져
이 길을 따라 걸어가 보자
흐음..
가장 큰 봉우리의 둘레의 길이는 어떻게 구할까?
흐음.. 그러게?
엄청 기네 ~
가만히 있으면 답이 나오냐! 둘레의 길이 구하는 방법을 배우러 가보자!
어머!
맞는 말이야! 제이가 웬일이야~

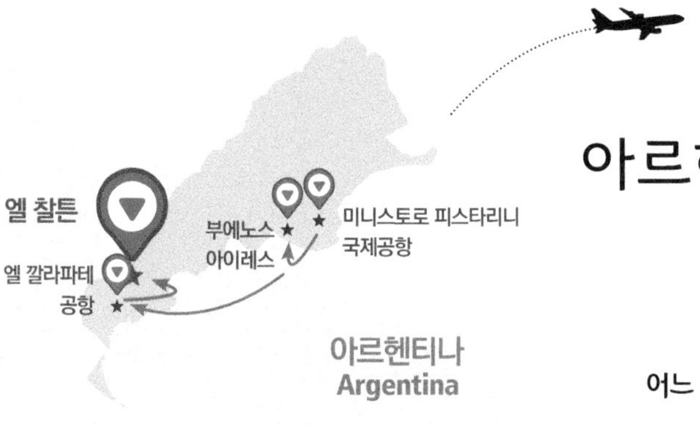
엘 찰튼
엘 깔라파테 공항
부에노스 아이레스
미니스토로 피스타리니 국제공항
아르헨티나
Argentina

아르헨티나 넷째 날 DAY 4

무우와 친구들은 아르헨티나에서의 넷째 날,
<엘 찰튼>에 도착했어요.
자, 그럼 먼저 <카프리 호수>로 이동해 볼까요?
어느 재미있는 일이 무우와 친구들을 기다리고 있을까요?
함께 떠나보아요~

궁금해요

카프리 호수
헉헉.. 힘들게 올라온 보람이 있다 그치 얘들아?
두둥~
우와 너무 멋져! 와보길 잘했다. 정말.
흐음..어떻게 하지..?
줄자를 들고 계시네.. 무슨 문제라도 있나..?
음...
우리가 가서 문제 해결을 도와주자!

줄자의 길이가 짧아서 도형의 둘레를 한 번에 잴 수가 없습니다. 똑같은 나무 판자 네 개로 이루어진 아래 도형의 둘레를 구해 미궁에 빠진 사람을 도와주세요.

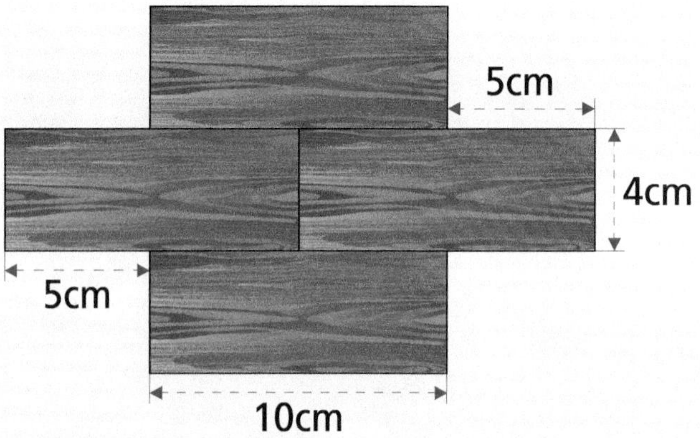
5cm
4cm
5cm
10cm

1. 붙여 만든 도형의 둘레

도형의 둘레란 도형을 둘러싸고 있는 모든 변의 길이의 합을 말합니다.

예 삼각형의 둘레는 얼마일까요?

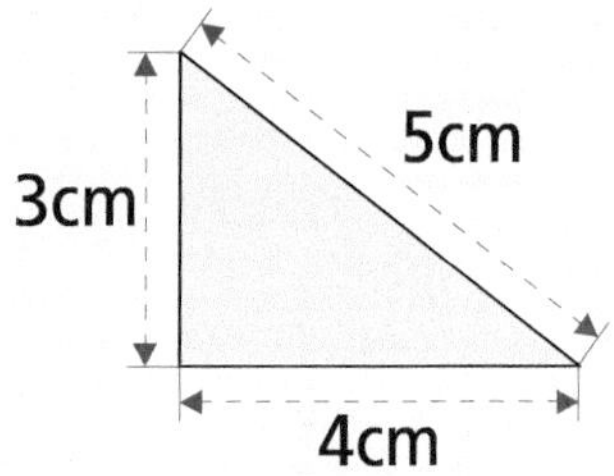
5cm
3cm
4cm

➡ (삼각형의 둘레) = 5 + 4 + 3 = 12cm

따라서 삼각형의 둘레는 12cm입니다.

예 **한 변의 길이가 3인 정삼각형 세 개를 이어 붙여 만든 도형의 둘레는 얼마일까요?**

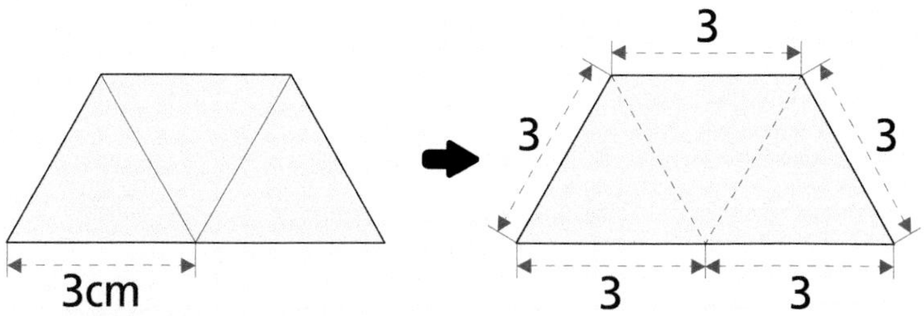

도형의 둘레에 몇 개의 변이 있는지 세어 줍니다.

(도형의 둘레) = 3 × 5 = 15cm

따라서 도형의 둘레는 15cm입니다.

2. 움푹 파인 도형의 둘레

예 **두 개의 도형은 왼쪽 직사각형의 일부분을 움푹 파서 만든 것입니다.**
두 도형의 둘레의 길이는 얼마일까요?

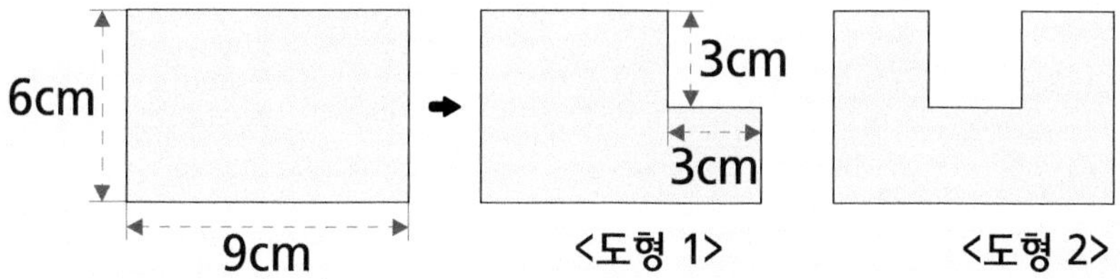

<도형 1> <도형 2>

1. 도형 1

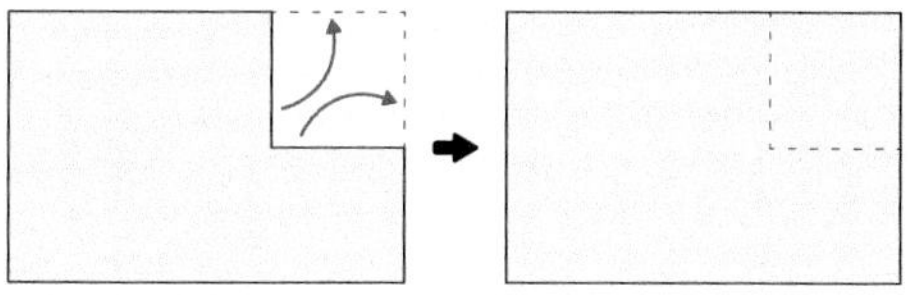

움푹 파인 부분의 변을 가로, 세로로 밀어 직사각형 모양을 만들 수 있습니다.
따라서 이 <도형 1>의 둘레는 직사각형의 둘레와 같은 (6 × 2) + (9 × 2) = 30cm입니다.

2. 도형 2

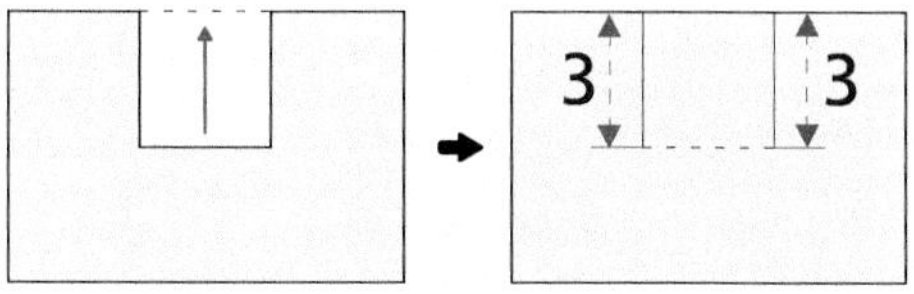

움푹 파인 부분의 변을 가로, 세로로 밀어 직사각형 모양을 만들고, 남은 두 변의 길이를 더해 줍니다.
따라서 이 <도형 2>의 둘레는 직사각형의 둘레에 남은 두 변의 길이를 더한
30 + (3 × 2) = 36cm입니다.

① 〈그림 1〉처럼 세로 방향 변의 길이의 합을 구합니다.

② 그 다음 〈그림 2〉처럼 가로 방향 변의 길이의 합을 구합니다.

③ 세로 방향과 가로 방향 길이의 합을 더해 도형의 둘레를 구합니다.
따라서 도형의 둘레는 24 + 40 = 64cm입니다. (정답)

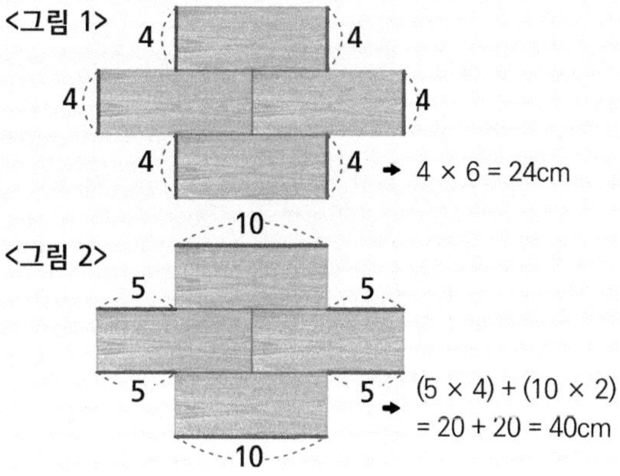

4 대표문제

1. 붙여 만든 도형의 둘레

카프리 호수 근처 숲
우와... 책 속에서만 보던 딱따구리당!
딱
정말 부리로 열심히 나무를 두드리고 있어!
저 나무 밑에 딱따구리가 떨어뜨린 나무 조각들이 많네!!
전부 다 모양과 크기가 똑같아 얘들아!
오!!
우리 저거 가지고 놀장!
내가 만든 모양이 더 큰 것 같은데?
내가 더 많은 개수의 조각으로 만들었으니 내게 더 크지!
흥 -
그렇다면 둘 중 누가 만든 모양의 둘레가 더 길까?
길고 짧은건 대봐야 안다구!!

무우와 상상이는 한 변의 길이가 4cm인 정사각형 나무 조각 여러개를 이용해 두 개의 모양을 만들었습니다. 두 개의 모양 중 어떤 모양의 둘레가 더 길까요?

무우가 만든 모양 **상상이가 만든 모양**

Step 1 무우가 만든 모양의 둘레를 구하세요.

Step 2 상상이가 만든 모양의 둘레를 구하세요.

Step 3 무우와 상상이가 만든 모양의 둘레를 비교해 보고 누구 모양의 둘레가 더 긴지 이야기하세요.

풀이

Step 1 무우가 만든 모양의 둘레에는 길이가 4cm인 변이 몇 개가 있는지 세어줍니다.

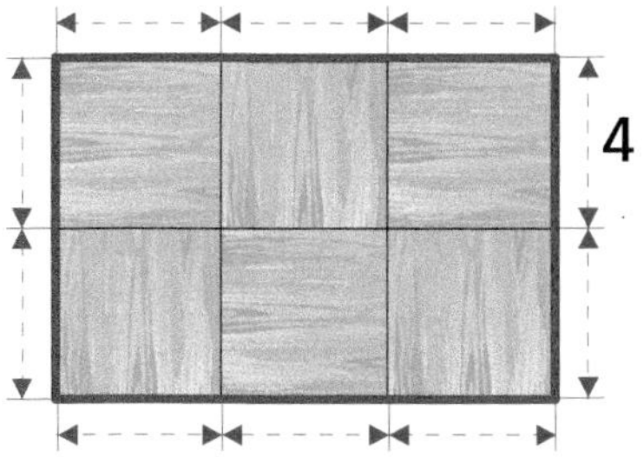

➡ 10개입니다.

Step 2 상상이가 만든 모양의 둘레에는 길이가 4cm인 변이 몇 개가 있는지 세어줍니다.

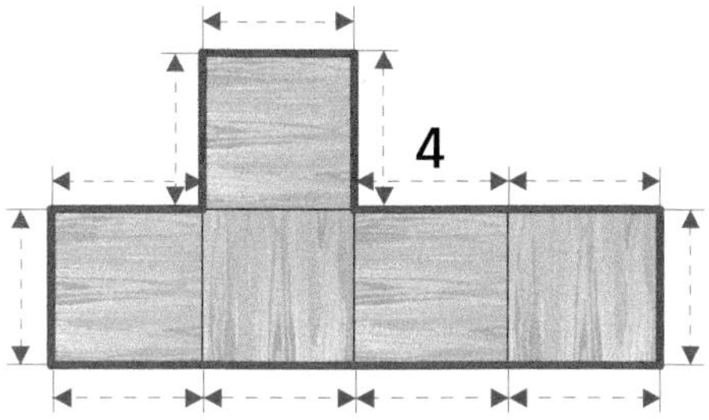

➡ 12개입니다.

Step 3 무우가 만든 모양의 둘레는 40cm, 상상이가 만든 모양의 둘레는 48cm입니다. 따라서 둘이 만든 모양 중 둘레가 더 긴 모양은 상상이가 만든 모양입니다.

정답 : 40cm/ 48cm/ 상상이가 만든 모양

확인하기

한 변의 길이가 5cm인 정사각형 7개로 만든 도형이 있습니다. 이 도형의 둘레를 구하세요.

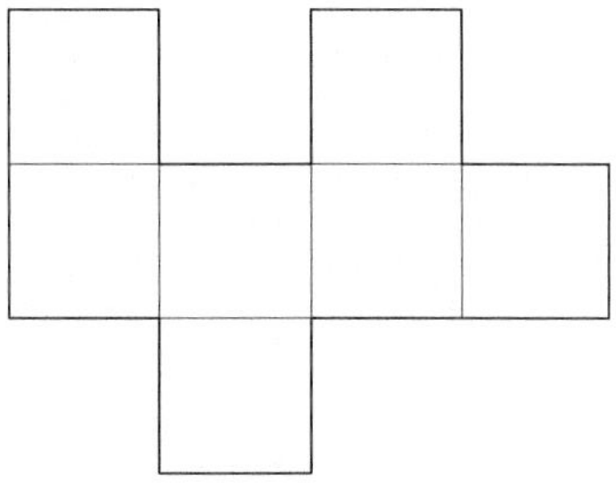

2. 움푹 파인 도형의 둘레

피츠로이 봉우리 아래
너무 돌아다녔더니 힘들지 얘들아? 저기 작은 집이 있는데 쉬어가자.
죽겠당...
찬성.. 너무 힘들다 무우야.
문에 어떤 퀴즈가 적혀 있어!
이걸 풀어야지 들어가서 쉴 수 있나 봐!
오잉?!

아래의 퀴즈의 정답을 맞추면 문을 열 수 있습니다. 퀴즈의 정답을 맞추고 따뜻한 집 안으로 들어가세요.

퀴즈

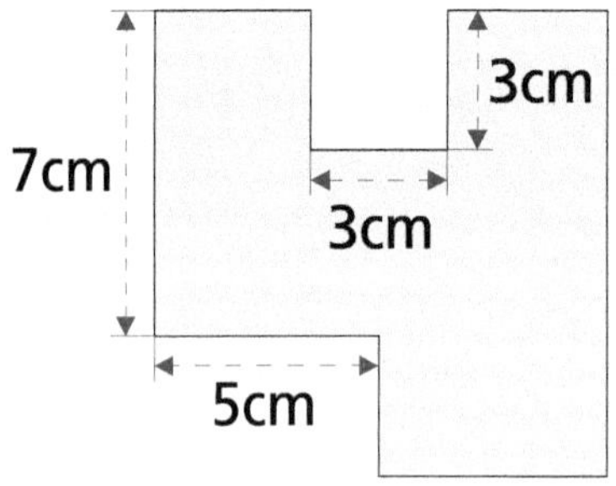
3cm
7cm
3cm
5cm

이 도형은 한 변의 길이가 10cm인 정사각형의 일부분을 움푹 파서 만든 도형입니다. 이 도형의 둘레는 얼마일까요?

Step 1 움푹 파인 부분의 변들을 원래대로 밀어 다시 정사각형을 만들고, 남는 변이 있다면 굵은 선으로 표시하세요.

Step 2 한 변의 길이가 10cm인 정사각형의 둘레를 구하세요.

Step 3 도형의 둘레를 구하세요.

풀이

Step 1 움푹 파인 부분들 중 되돌릴 수 있는 변은 되돌리고 남은 변을 굵은 선으로 표시하면 아래 그림과 같습니다.

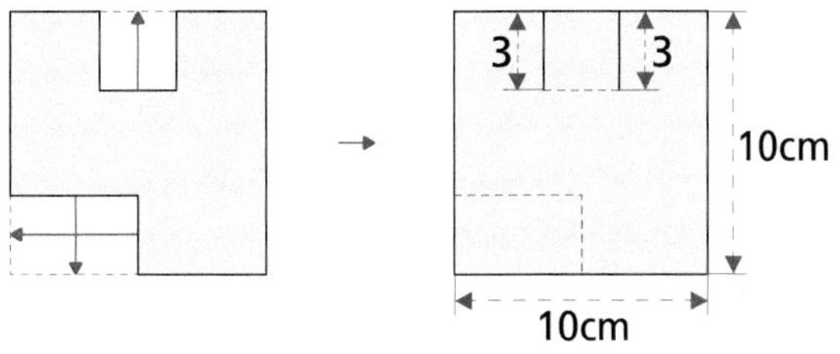

Step 2 한 변의 길이가 10cm인 정사각형의 둘레는 10 × 4 = 40cm입니다.

Step 3 따라서 이 도형의 둘레는 정사각형의 둘레에 남은 두 변의 길이를 더한 40 + (3 × 2) = 46cm입니다.

정답 : 40cm / 풀이 과정 참조 / 46cm

확인하기 1

아래의 도형은 가로의 길이 12cm, 세로의 길이 6cm인 도형을 움푹 파서 만든 도형입니다. 이 도형의 둘레를 구하세요.

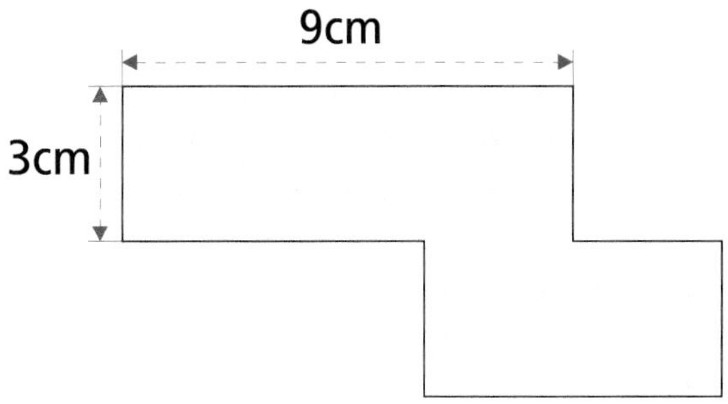

확인하기 2

아래의 도형은 한 변의 길이가 9cm인 정사각형을 움푹 파서 만든 도형입니다. 이 도형의 둘레를 구하세요.

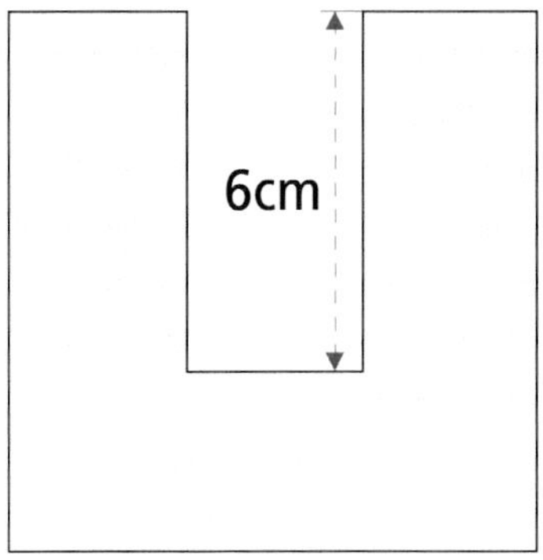

01 한 변의 길이가 3cm인 정사각형 11개로 만든 도형이 있습니다. 이 도형의 둘레를 구하세요.

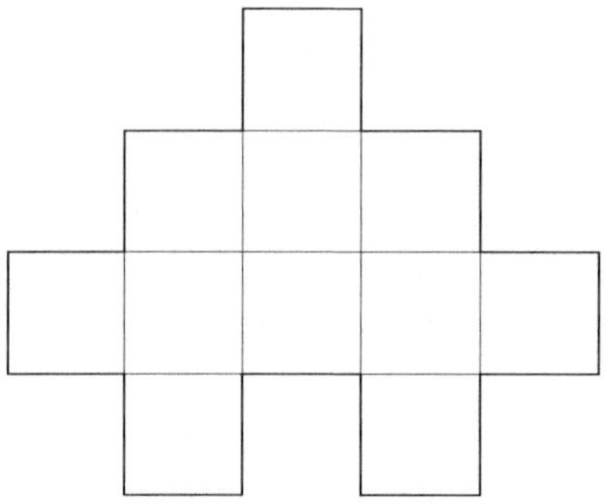

02 아래의 도형은 가로의 길이가 12cm, 세로의 길이가 8cm인 직사각형을 움푹 파서 만든 도형입니다. 이 도형의 둘레를 구하세요.

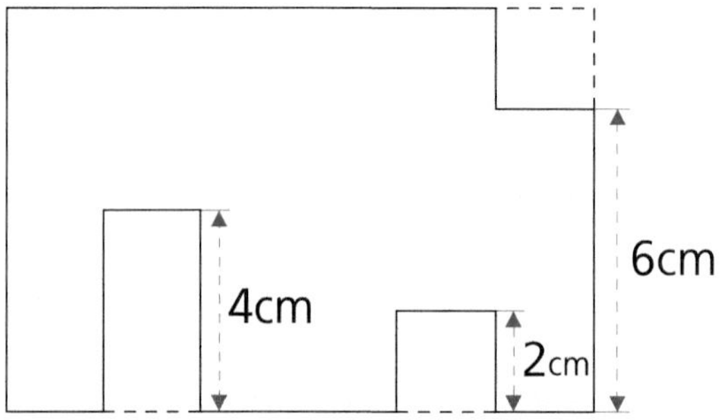

03 똑같은 정사각형 12개로 만든 도형이 있습니다. 이 도형의 둘레가 72cm일 때, 정사각형의 한 변의 길이는 얼마인지 구하세요.

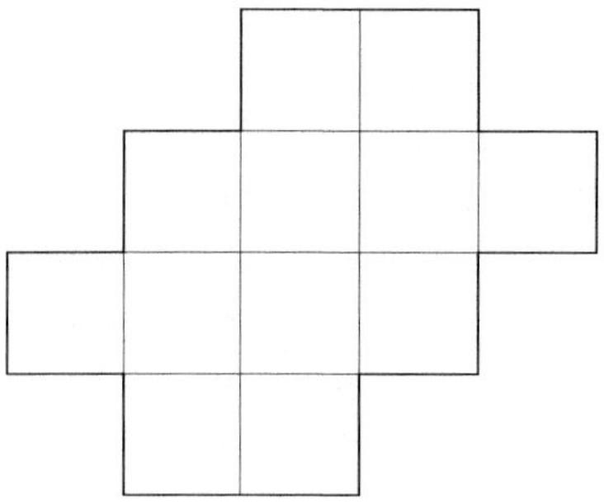

04 한 변의 길이가 5cm인 정사각형 6개로 만든 도형이 있습니다. 이 도형의 둘레를 구하세요.

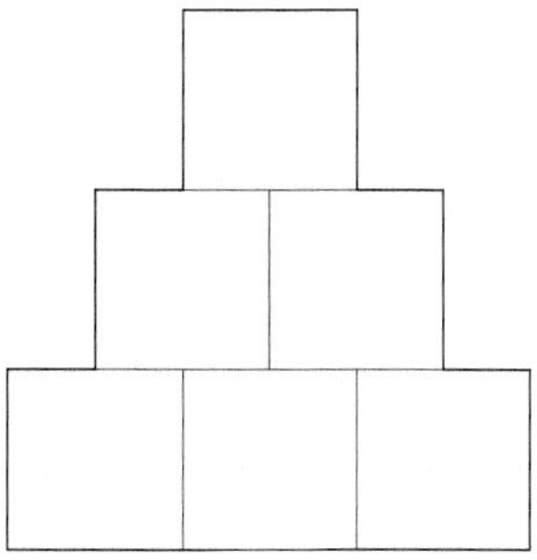

05 아래의 도형은 한 변의 길이가 4cm로 서로 같은 정삼각형과 정사각형으로 이루어져 있습니다. 이 도형의 둘레를 구하세요.

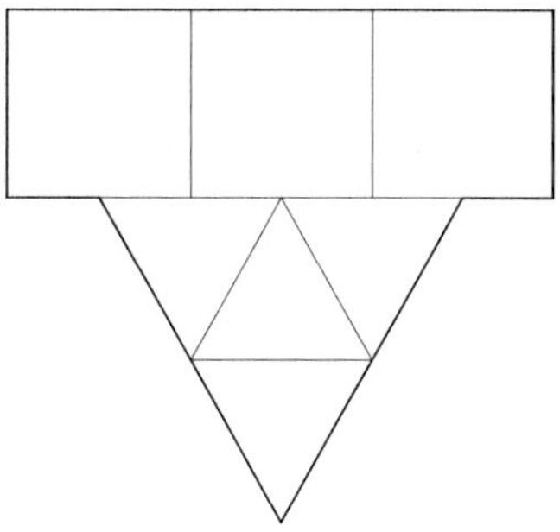

06 상상이네 집 마당에 있는 수영장을 간단한 그림으로 나타낸 것입니다. 수영장의 둘레는 얼마인지 구하세요.

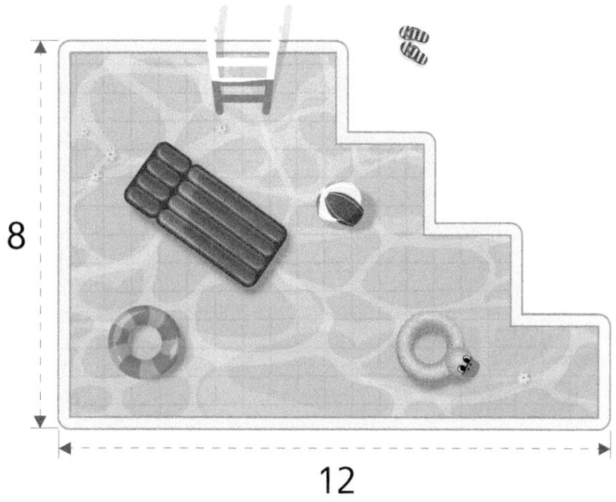

07 한 변의 길이가 10cm인 정사각형 모양의 색종이에서 같은 모양의 하트 두 개를 잘라 냈습니다. 하트 모양 두 개를 잘라내고 남은 색종이의 둘레가 60cm일 때, 하트 모양 한 개의 둘레는 얼마인지 구하세요.

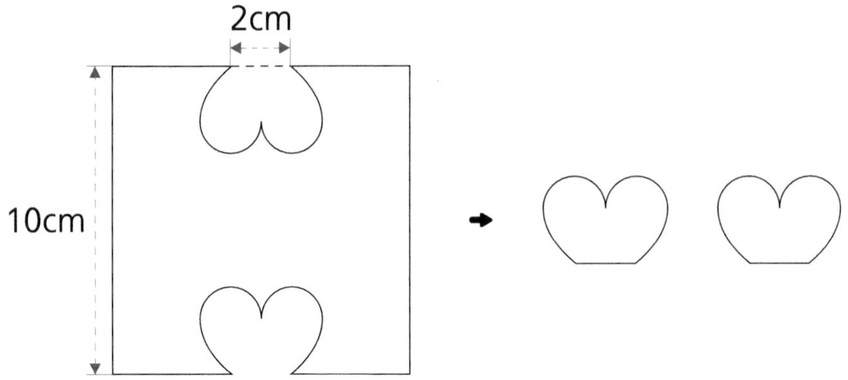

08 가로의 길이가 24cm, 세로의 길이가 20cm인 직사각형을 움푹 파서 만든 도형입니다. 이 도형의 둘레를 구하기 위해선 반드시 길이를 알아야 하는 한 개의 변이 있습니다. 알맞은 변의 기호를 적으세요.

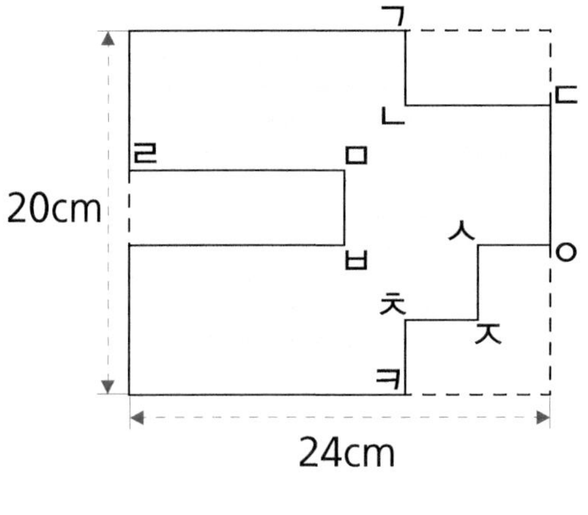

09 한 변의 길이가 20cm인 정사각형 모양의 색종이를 가로 방향으로 사등분, 세로 방향으로 이등분한 것입니다. 만들어진 직사각형 8개의 둘레의 합은 얼마인지 구하세요.

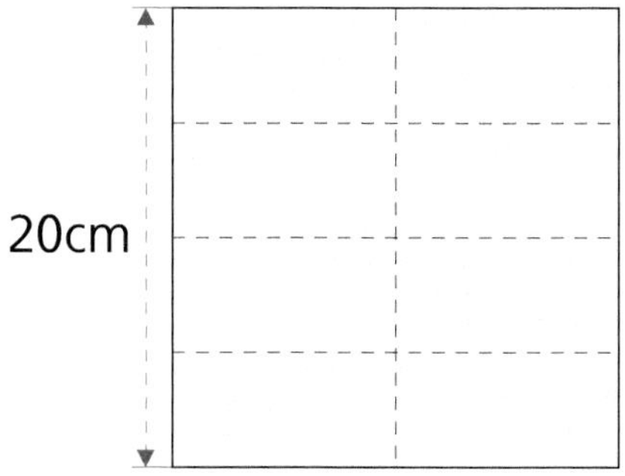

10 똑같은 모양의 직사각형 7개로 만들어진 도형이 있습니다. 이 도형의 둘레는 48cm이고, 직사각형 한 개의 세로의 길이는 3cm일 때, 직사각형 한 개의 가로의 길이는 얼마인지 구하세요.

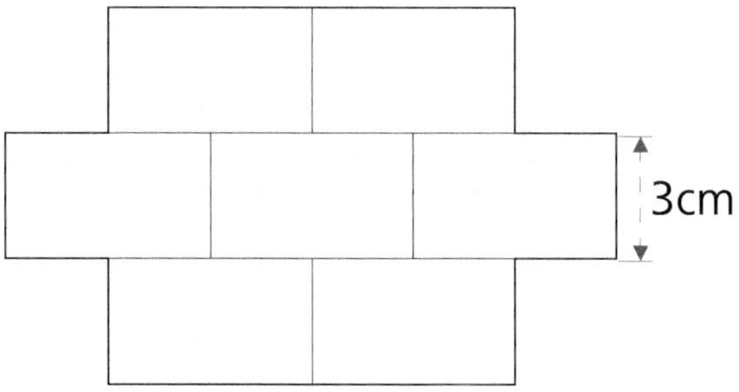

01 똑같은 정사각형 세 개를 겹쳐서 만든 도형이 있습니다. 정사각형 한 변의 길이가 10cm일 때, 이 도형의 둘레를 구하세요.

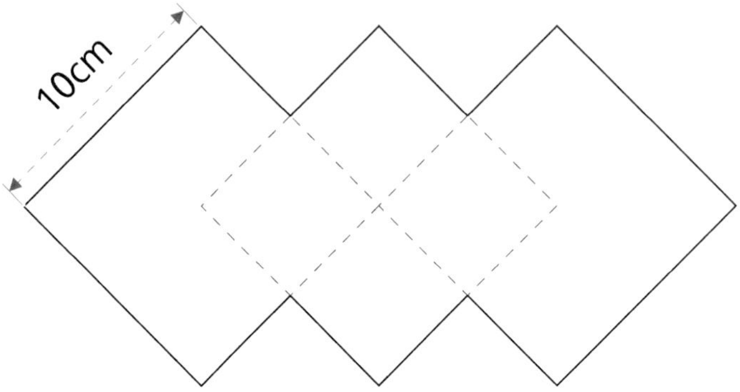

정답 및 풀이 P.25

02 보기와 같이 한 변의 길이가 1인 정사각형 6개를 이어 붙여 만들 수 있는 도형은 여러 가지입니다. 여러 가지 도형의 둘레로 가능한 값은 모두 몇 가지인지 구하세요.

보기

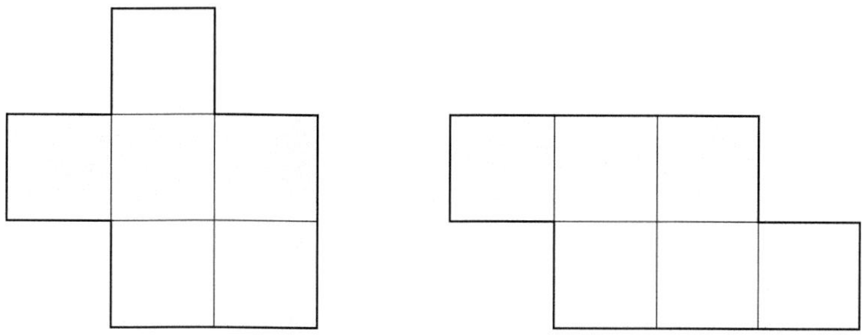

03 16개의 정사각형으로 이루어진 초콜릿을 이등분하려고 합니다. 초콜릿의 작은 정사각형 한 변의 길이가 1일 때, 각 초콜릿 조각의 둘레가 최대가 되도록 초콜릿을 이등분해 보고 그때의 둘레를 구하세요.

정답 및 풀이 P.25

04 아래와 같은 모양의 꽃 한 송이가 있습니다. 꽃잎 한 장의 둘레는 35cm, 꽃의 가운데 부분의 둘레는 48cm일 때, 꽃 한 송이의 둘레는 얼마인지 구하세요.

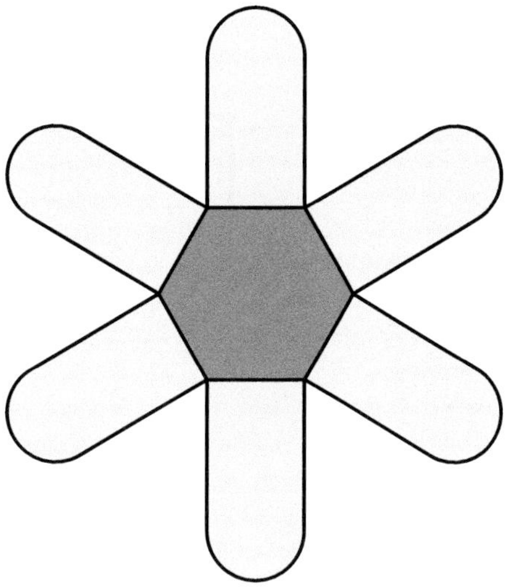

4 창의적문제해결수학

01 아래의 그림은 무우와 친구들이 현재 위치한 출발지와 앞으로 가야 할 목적지를 간단한 지도로 나타낸 것입니다. <A 그림>은 무우가 제안한 길이고,<B 그림>은 상상이가 제안한 길입니다. 둘 중 누구의 제안대로 다녀오는 것이 더 빠른 방법일지 생각해보고 이유를 이야기하세요.

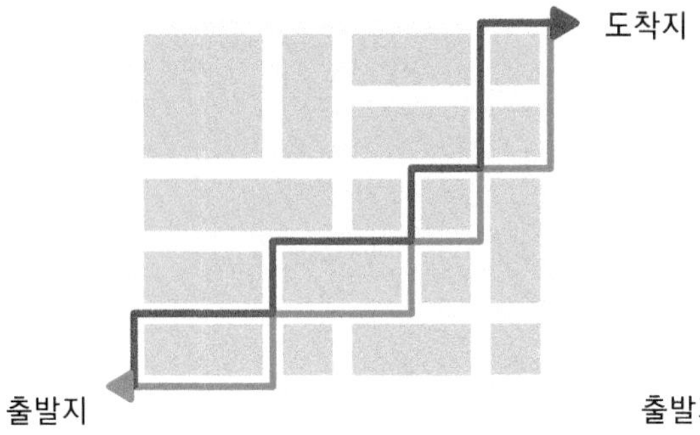

<A 그림>

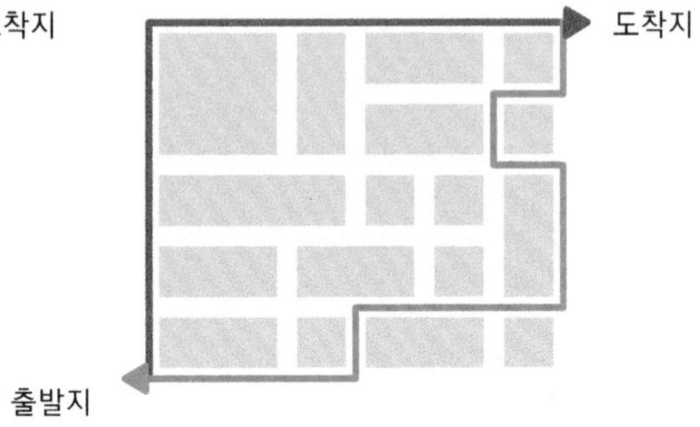

<B 그림>

02
창의융합문제

카프리 해변
난 모래 바닥에 그림을 그려야지!
신난다!!
무우가 무슨 그림을 그릴지 기대되는뎅?
쏴아아 ~
후후.. 잘 그렸지?!
뭐야~ 생각보다 잘 그렸넹!
나는 무우 그림의 둘레를 재봐야지!

무우는 친구들과 모래놀이를 하며 놀던 중 고양이 그림을 그렸습니다. 그림의 둘레를 재기 위해 상상이는 눈금 표시를 해 두었습니다. 작은 정사각형 한 변의 길이가 2일 때, 그림의 둘레는 얼마인지 구하세요.

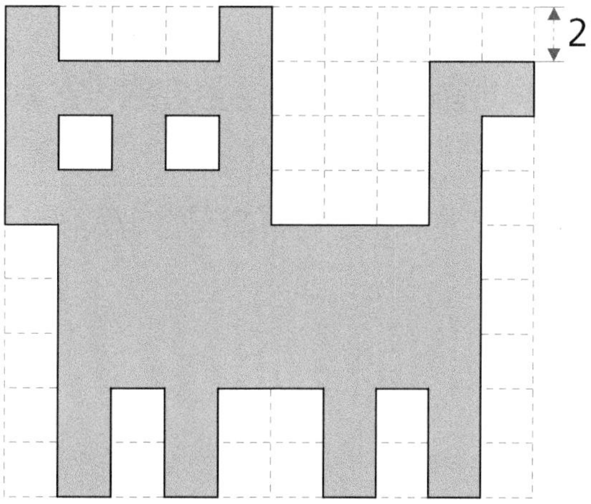
2

아르헨티나에서 넷째 날 모든 문제 끝~!
우수아이아로 이동하는 무우와 친구들에게 어떤 일이 일어날까요?

원의 둘레?

기원전 고대 이집트인들은 일직선의 평평한 길이만 잴 수 있었기 때문에 어떻게 하면 둥근 원의 둘레를 잴 수 있을지 고민했습니다. 그래서 그들이 생각한 방법 중 하나는 밧줄을 원의 둘레에 맞게 두른 후 다시 일직선으로 펴서 밧줄의 길이를 재는 방법입니다.

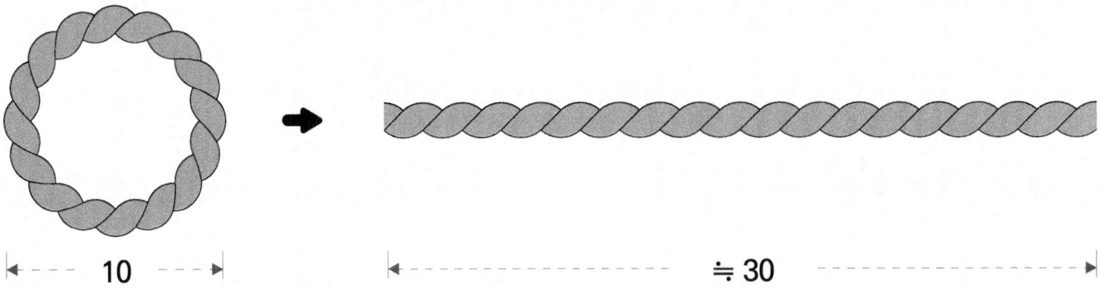

또한 그들은 이 방법을 이용해 열심히 원의 둘레를 재던 중 신기한 사실을 하나 더 발견했습니다. 원의 둘레와 원의 폭은 항상 약 3배의 차이가 난다는 것입니다. 이를 이용해 이집트인들은 원의 폭을 구한 후 3배를 하는 방식으로 좀 더 쉽게 원의 둘레를 구할 수 있었습니다.

5. 원

우수아이아
저기에 펭귄이 있어.
여기가 우수아이아래!
아르헨티나는 볼거리도 많지만 맛있는 것도 많다더라~!
펭귄 처음봤어. 정말 신기하당!
많다~
이게 바로 아르헨티아의 대표 빵 메디아루나야~!
노릇노릇
웃기게 생겼어. ㅋㅋㅋ
흐음.. 그러게?
이렇게 동그랗게 말려 있는 물건은 길이를 어떻게 재??
음...일단 빵을 일자로 펴 보자!

엘 찰튼
엘 깔라파테 공항
부에노스 아이레스
미니스토로 피스타리니 국제공항
우수아이아
아르헨티나
Argentina

아르헨티나 다섯째 날 DAY 5

무우와 친구들은 아르헨티나에서의 다섯째 날, <우수아이아>에 도착했어요. 세상의 끝이라 불리우는 <우수아이아>에서 재미있게 놀아볼까요? 무엇이 기다리고 있을지 함께 떠나보아요~

궁금해요

우수아이아
남아메리카 대륙의 가장 남쪽 끝에 위치해서 세상의 끝이라 불린대.
이쁘다~
세상의 끝이라니 뭔가 기분이 이상한걸!
저쪽에 예쁜 구슬들을 잔뜩 판당!!
~우와
구슬 네 개를 내가 가진 통에 넣으면 딱 맞겠는데?

무우는 반지름이 3cm인 구슬 네 개를 가지고 있는 통에 딱 맞게 집어 넣었습니다. 아래 그림을 보고 무우가 가지고 있는 통의 둘레를 구하세요.

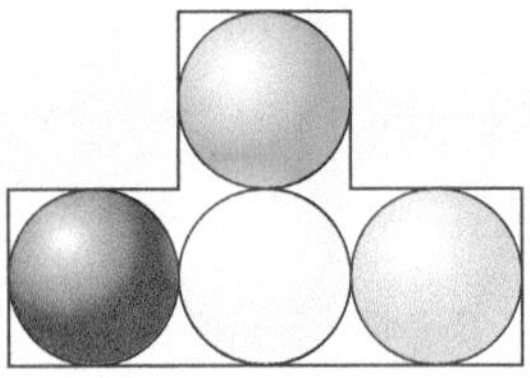

1. 원의 지름과 반지름

지름
반지름
원의 중심

1. 지름이란 원의 중심을 지나도록 원 위의 두 점을 이은 선분 또는 그 선분의 길이를 말합니다.

2. 반지름이란 원의 중심과 원 위의 한 점을 이은 선분 또는 선분의 길이를 말합니다.

3. 지름의 길이는 반지름의 길이의 2배입니다.

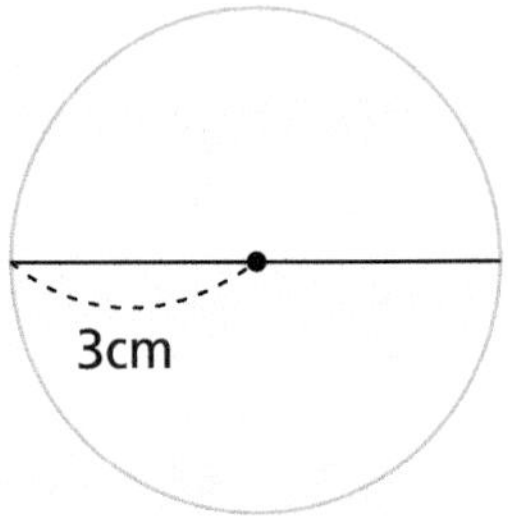
3cm

예시 문제 **반지름이 3cm인 원이 있습니다. 이 원의 지름은 얼마일까요?**

풀이 원의 반지름을 2배하면 지름을 알 수 있습니다.

$3 \times 2 = 6$

따라서 원의 지름은 6cm입니다.

원의 지름과 반지름의 특징을 이용해 도형의 둘레를 알 수도 있습니다.
아래 그림의 직사각형 안에 있는 작은 원 한 개의 지름은 5cm입니다.
그렇다면 직사각형의 둘레는 얼마일까요?

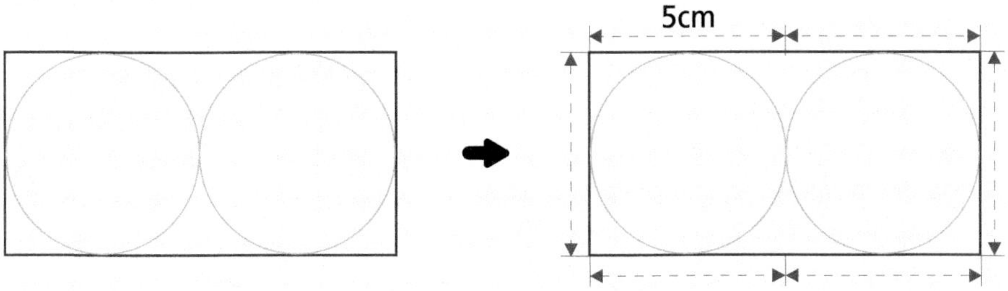

직사각형의 둘레에 원의 지름에 해당하는 변이 몇 개 있는지 세어 줍니다.
지름에 해당하는 변이 총 여섯 개가 있으므로 직사각형의 둘레는
$5 \times 6 = 30$cm입니다.

원의 지름과 반지름을 안다고 해서 반드시 도형의 둘레를 알 수 있는 것은 아닙니다.

예

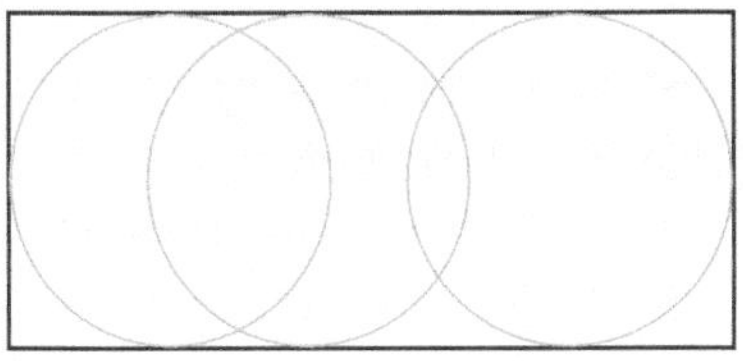

이 도형과 같이 원이 겹쳐 있는 부분의 위치가 정확하지 않은 경우 도형의 둘레를 알 수 없습니다.

예

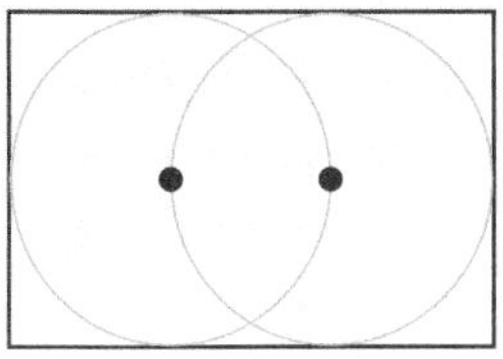

이 도형과 같이 한 원의 중심이 다른 원의 중심에 정확히 겹치는 경우 반지름을 이용해 도형의 둘레를 알 수 있습니다.

정답

1. 구슬 한 개의 반지름이 3cm라고 했으므로 지름은 반지름의 두 배인 $3 \times 2 = 6$cm입니다.
2. 통의 둘레에 구슬의 지름에 해당하는 변이 몇 개 있는지 세어 줍니다.

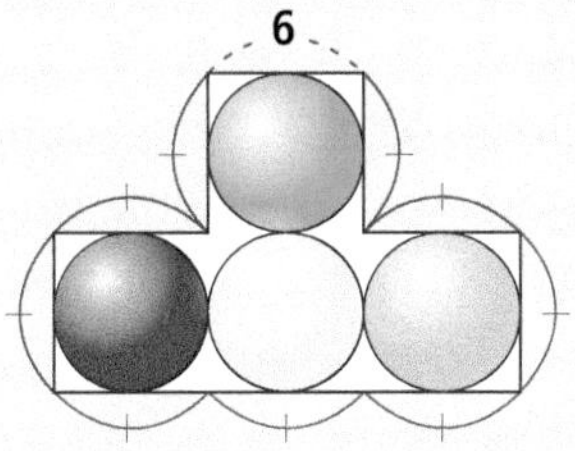

통의 둘레에는 구슬의 지름에 해당하는 변이 10개 있습니다.

3. 따라서 무우가 가지고 있는 통의 둘레는 $6 \times 10 = 60$cm입니다.

정답 : 60cm

1. 원의 지름

우수아이아에는 예전에 아주 큰 교도소가 있었대!
그래서 죄수들의 벽화가 많나봐..!!
헉..
저기 죄수복을 입은 사람이 기차에 타라고 호객행위를 하고 있어..!
흐흐흐..
으으..왠지 무섭당..
나는 왠지 한 번 저 기차에 타보고 싶은걸~
살금살금..
어! 뒤를 봐 무우야!!
이 수갑을 풀고 싶으면 내가 내는 문제의 정답을 맞춰봐! 그럼 풀어주지.
흐흐흐..
앗! 언제 수갑을 채운거야!

반지름이 3인 작은 원 네 개와 큰 원 한 개가 있습니다.
큰 원의 지름은 얼마일까요?

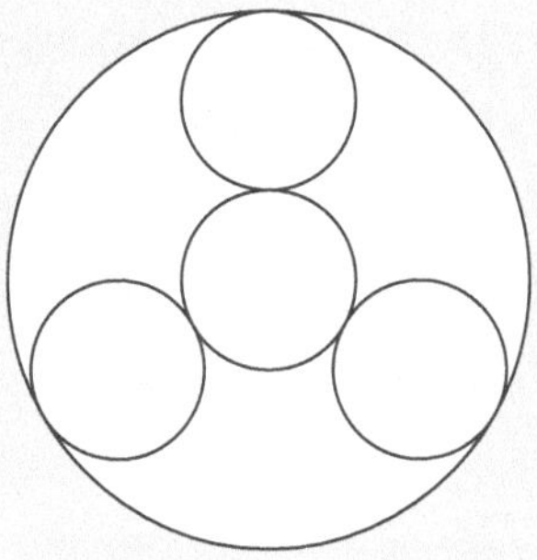

Step 1 큰 원의 반지름은 작은 원의 반지름의 몇 배일까요?

Step 2 큰 원의 지름을 구하세요.

풀이

Step 1 네 개의 작은 원 위에 원의 중심을 표시하면 아래 그림과 같습니다.
네 개의 작은 원의 중심을 지나도록 큰 원의 반지름을 표시하면 아래 그림과 같습니다.

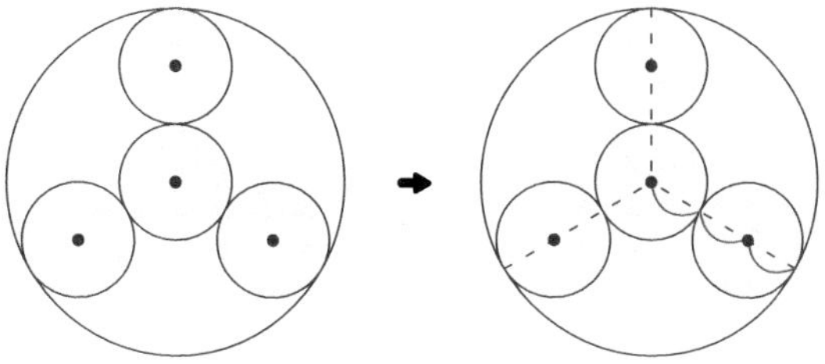

큰 원의 반지름은 작은 원의 반지름을 세 번 더한 것과 같습니다.
그러므로 큰 원의 반지름은 작은 원의 반지름의 3배입니다.

Step 2 큰 원의 반지름은 작은 원의 반지름을 세 배 해서 구할 수 있습니다.
작은 원의 반지름이 3이기 때문에 큰 원의 반지름은 3 × 3 = 9입니다.
따라서 큰 원의 지름은 반지름의 두 배인 9 × 2 = 18입니다.

정답 : 3배 / 18

확인하기 1

반지름이 5cm인 작은 원 세 개와 큰 원 한 개로 만든 도형이 있습니다.
큰 원의 지름을 구하세요.

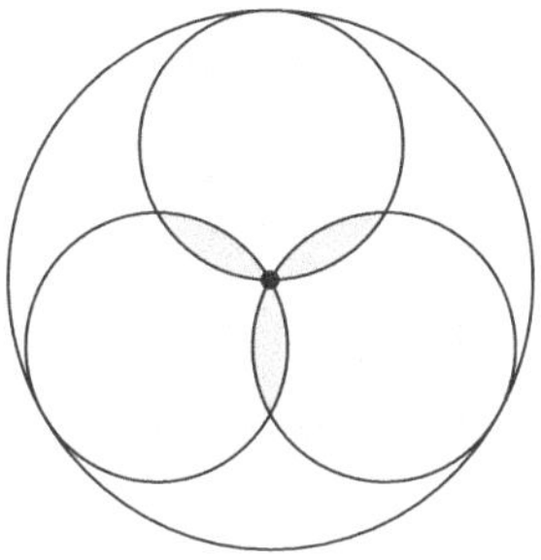

확인하기 2

큰 원의 지름이 8cm일 때, 작은 원의 반지름을 구하세요.

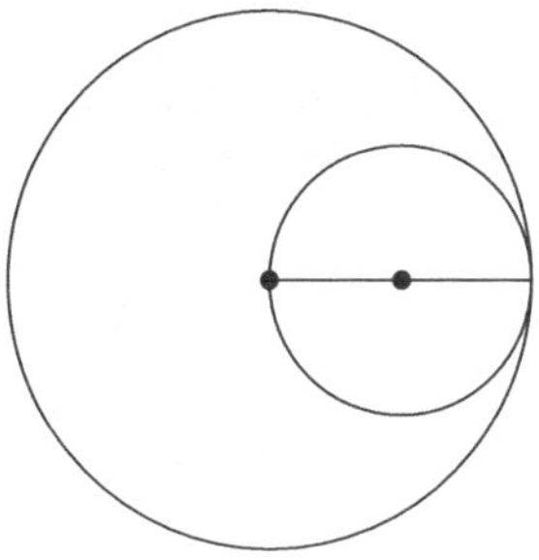

2. 원을 이용해 도형의 둘레 구하기

제법 똑똑한 걸.. 이 문제를 단번에 맞추다니!
아무리 그래도 이렇게 갑자기 장난을 치시면 어떡해요!
- 깜짝
크크 놀랐다면 미안하군. 내가 대신 좋은 제안을 하나 하지!
곧 기차가 들어옵니다 -
하아 -
또 장난치시면 그땐 저도 가만있지 않을 거에요!
사과의 뜻으로 너희들 모두 죄수기차를 무료로 태워줄게!
믿을 수가 있어야지..
칙칙폭폭
또 장난치시는 거 아니죠?
단! 내가 내는 문제를 하나 더 맞추면 정말로 무료로 태워주지!
이거 봐. 조건이 있잖아!
참나 -
어서 문제를 내봐요!

아래 직사각형 안에는 모양과 크기가 같은 5개의 원이 있습니다.
원 한 개의 지름이 8cm이라고 할 때, 직사각형의 둘레는 얼마일까요?

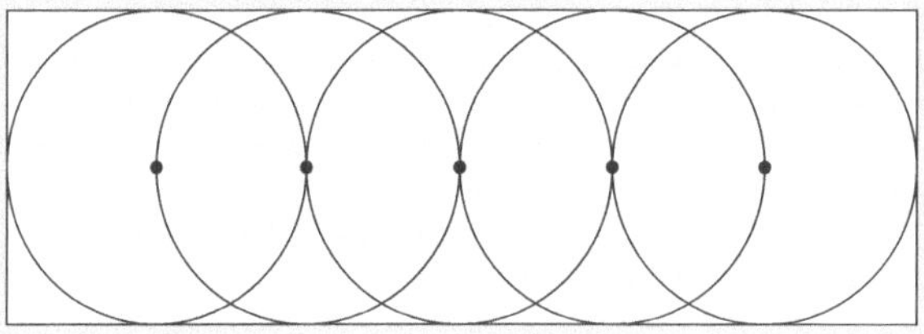

Step 1 직사각형 안에 있는 원 한 개의 반지름을 구하세요.

Step 2 직사각형의 둘레에는 원의 반지름에 해당하는 변이 몇 개일까요?

Step 3 직사각형의 둘레를 구하세요.

풀이

Step 1 직사각형 안에 있는 원 한 개의 지름이 8cm이므로 반지름은 8 ÷ 2 = 4cm입니다.

Step 2 각 원의 중심을 점으로 표시하면 아래 그림과 같습니다. 아래 그림을 이용해 직사각형의 둘레에는 원의 반지름에 해당하는 변이 몇 개 있는지 세어 줍니다.

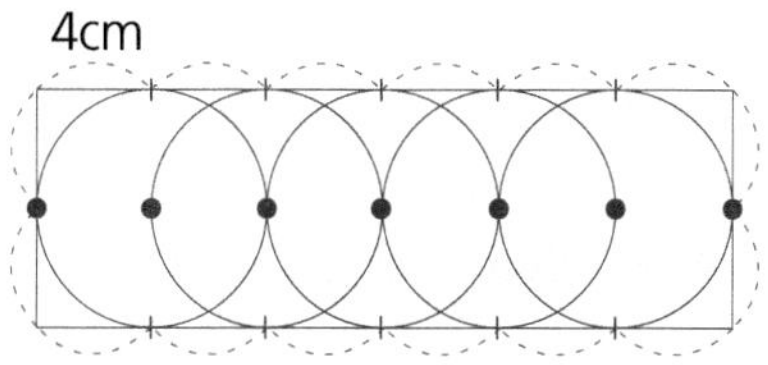

➡ 반지름에 해당하는 변이 16개 있습니다.

Step 3 직사각형의 둘레는 반지름의 길이를 16번 더하면 구할 수 있습니다.
따라서 직사각형의 둘레는 4 × 16 = 64cm입니다.

정답 : 4cm/ 16개 / 64cm

확인하기 1

도형 안에는 반지름의 길이가 7cm인 원이 6개 있습니다. 도형의 둘레를 구하세요.

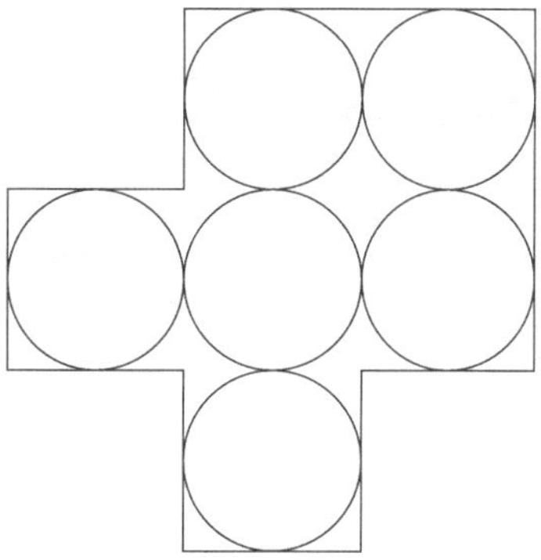

확인하기 2

도형 중 가장 큰 원의 지름은 10cm, 두 번째로 큰 원의 지름은 8cm, 가장 작은 원의 지름은 6cm입니다. 삼각형의 둘레를 구하세요.

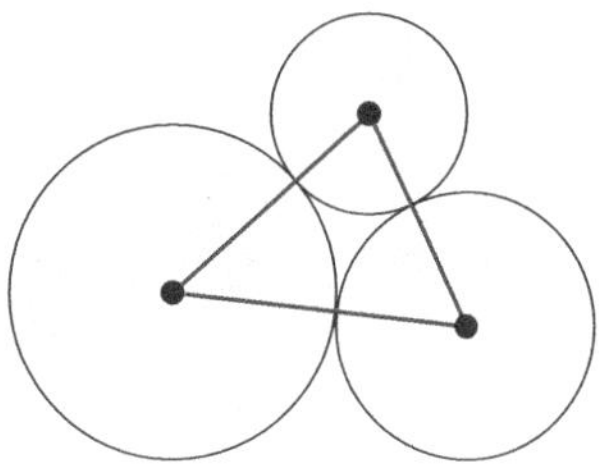

01 아래의 도형은 지름이 8cm인 원 세 개를 겹쳐서 만든 것입니다. 선분 ㄱㄴ의 길이는 얼마인지 구하세요.

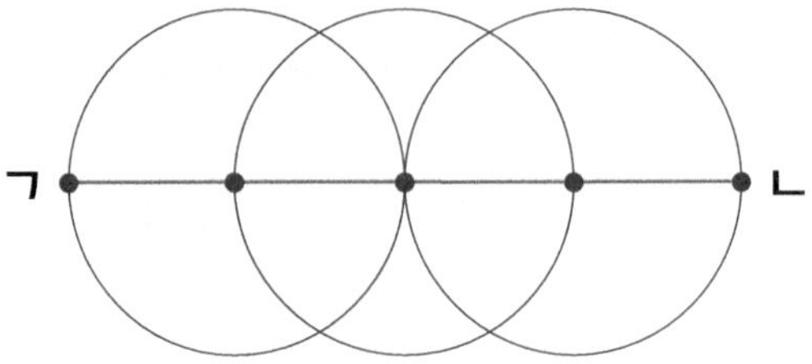

02 아래의 사각형은 반지름이 4cm, 6cm인 두 개의 원을 겹쳐서 생긴 점과 각 원의 중심을 이어 만든 것입니다. 사각형의 둘레를 구하세요.

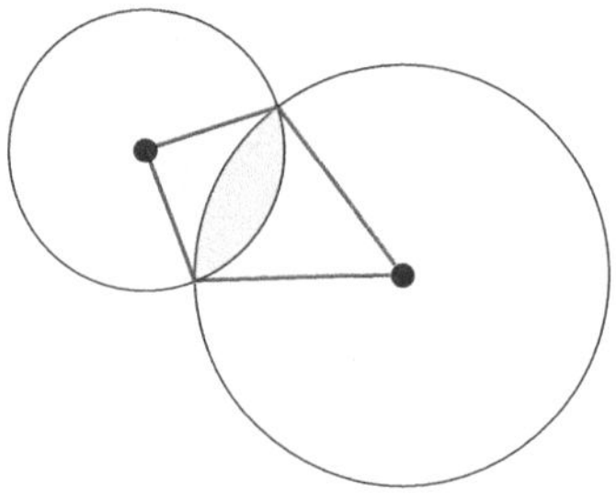

03 직사각형 안에는 모양과 크기가 같은 6개의 원이 그려져 있습니다. 직사각형의 둘레가 60cm일 때, 원의 반지름을 구하세요.

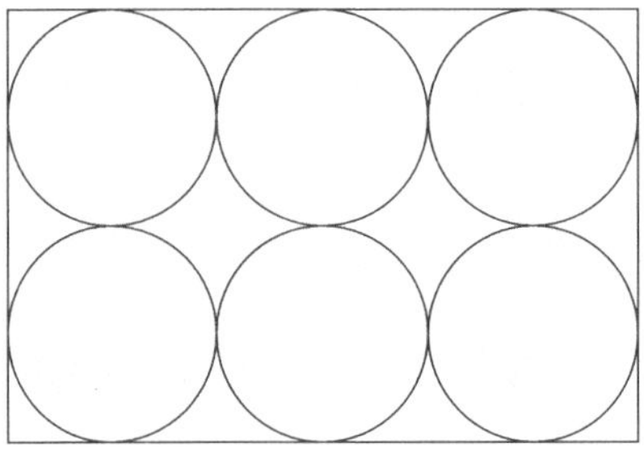

04 점 ㄱ은 반지름이 12cm인 원의 중심이고 점 ㄴ은 지름이 10cm인 원의 중심입니다. 선분 ㄱㄴ의 길이를 구하세요.

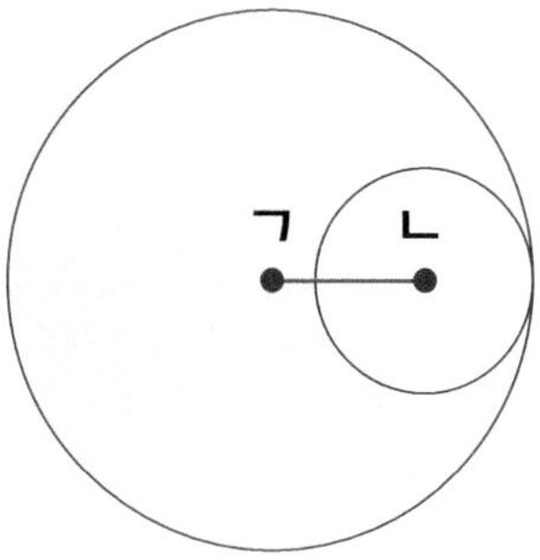

05 원의 중심과 원 위의 두 점을 이어 만든 삼각형이 있습니다. 삼각형의 둘레가 14cm일 때, 원의 지름을 구하세요.

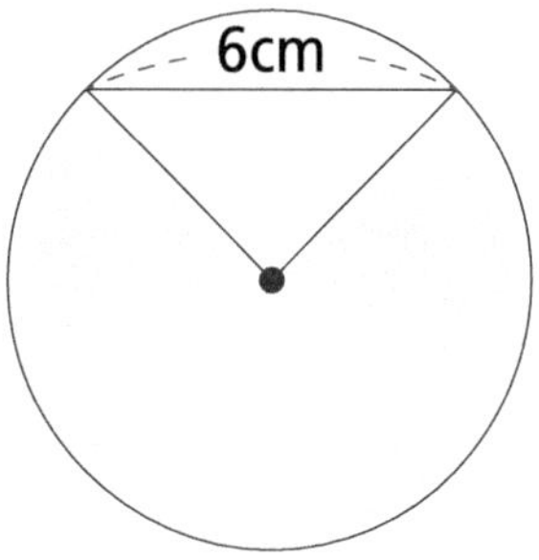

06 아래와 같은 직사각형 안에 반지름이 2cm인 원을 될 수 있는 대로 최대한 많이 그려 넣으려고 합니다. 그릴 수 있는 원의 최대 개수를 구하세요.
(단, 원은 겹쳐서 그리지 않습니다.)

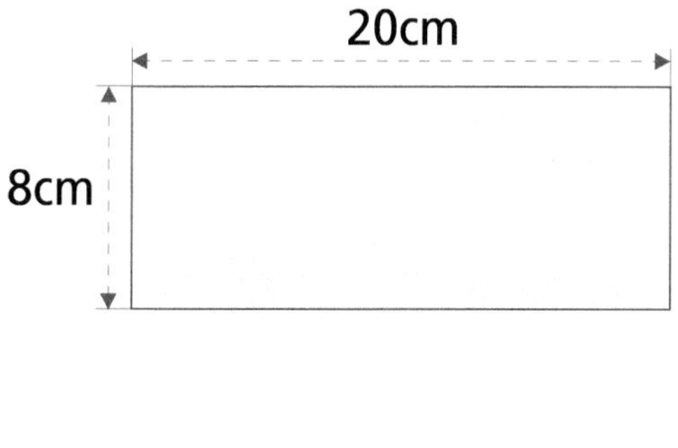

07 아래와 같이 규칙적으로 원을 그리고 가장 바깥쪽 원들의 중심을 이어 삼각형을 만들려고 합니다. 원의 반지름의 길이가 2cm일 때, 네 번째 그림에서 만들 수 있는 삼각형의 둘레를 구하세요.

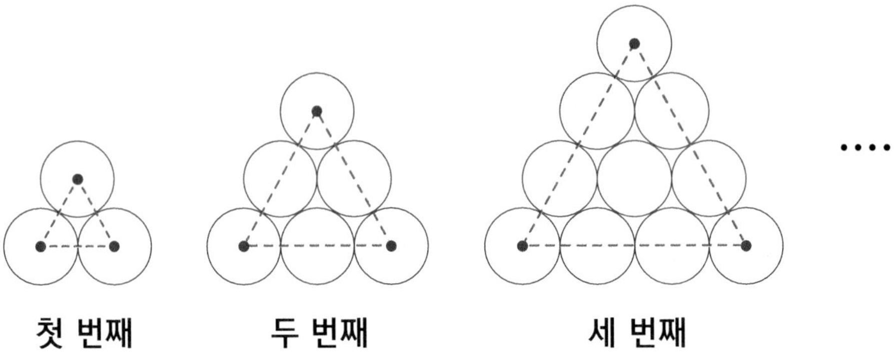

08 아래의 도형은 크기가 서로 다른 세 개의 도형을 겹쳐서 만든 것입니다. 가장 작은 원의 지름이 6cm, 가장 큰 원의 지름이 16cm일 때, 선분 **ㄱㄴ**의 길이를 구하세요. 점은 각 원의 중심입니다.

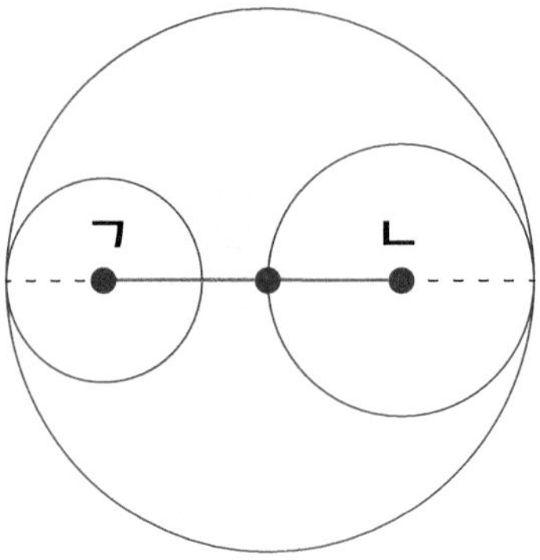

09 아래와 같이 지름이 8cm인 원을 한 선분 위에 일렬로 이어 붙이려고 합니다. 이어 붙인 원의 개수가 10개일 때, 선분 ㄱㄴ의 길이를 구하세요.

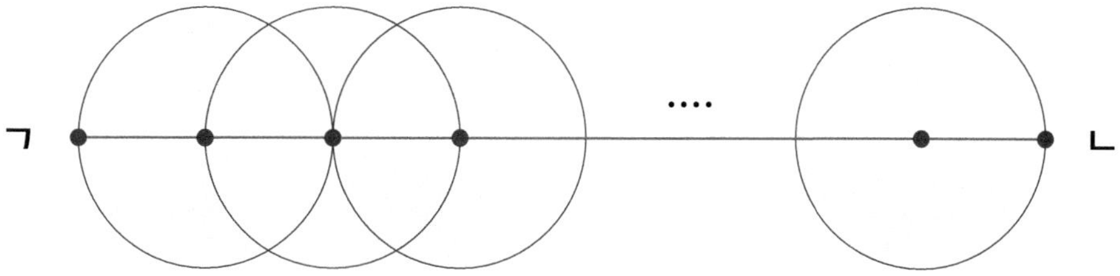

10 아래와 같이 지름의 길이가 2cm씩 늘어나는 반원을 위, 아래로 번갈아 가며 이어 붙였습니다. 가장 작은 반원의 지름이 4cm일 때, 가장 큰 반원의 반지름을 구하세요.

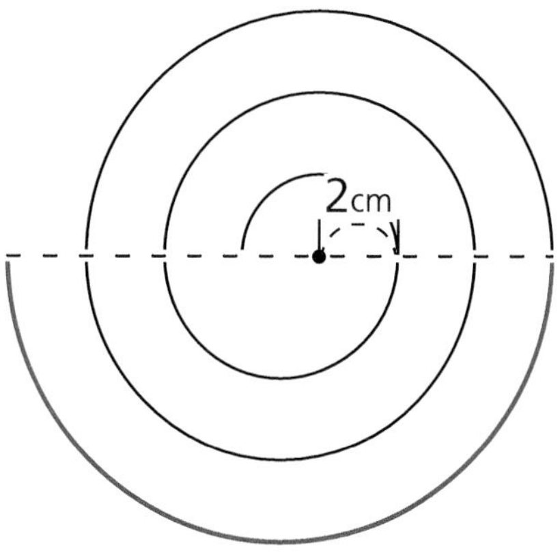

01 아래의 사각형은 원 네 개의 중심을 이어서 만든 것입니다. 초록색 원의 반지름은 5cm, 파란색 원의 반지름은 7cm이며 사각형의 둘레는 49cm입니다. 주황색 원의 반지름은 빨간색 선분의 길이의 2배일 때, 빨간색 선분의 길이를 구하세요.

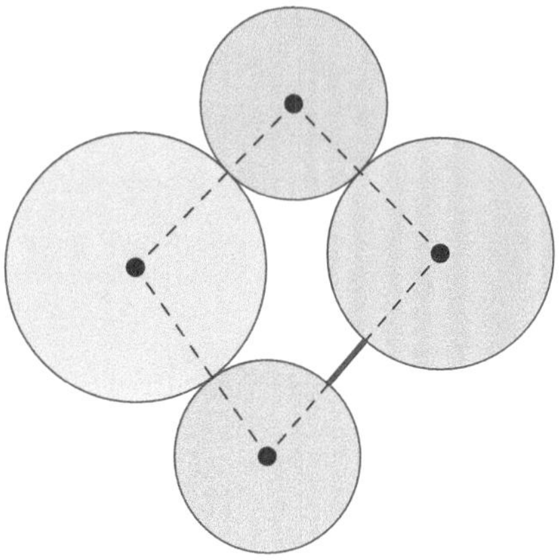

02 아래의 도형은 지름이 10cm인 원 세 개를 겹쳐서 만든 것입니다. 빨간색으로 표시된 두 선분의 길이가 각각 3cm일 때, 선분 ㄱㄴ의 길이는 얼마인지 구하세요.

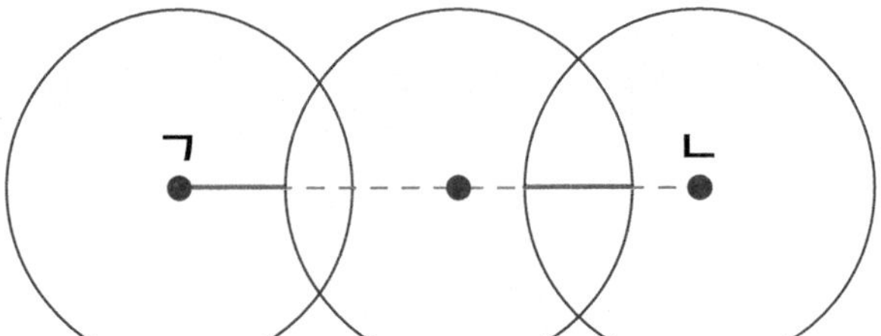

03

직사각형 안에 반지름이 3cm인 원을 일렬로 이어 붙였습니다. 직사각형의 둘레가 60cm일 때, 직사각형 안에 그려진 원의 개수는 모두 몇 개인지 구하세요.

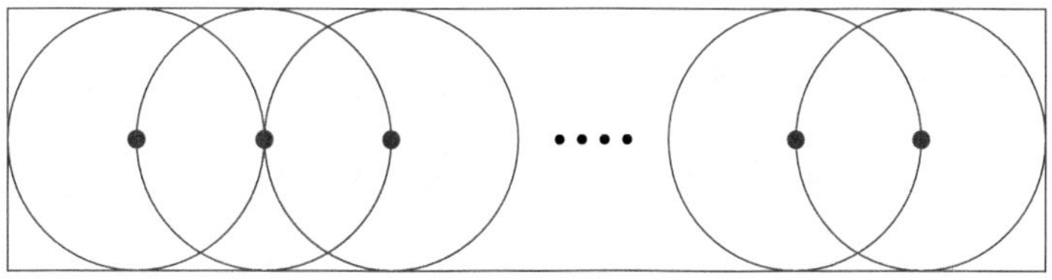

04

아래의 그림은 정사각형의 세 꼭짓점을 각각 원의 중심으로 하는 세 개 원의 일부를 나타낸 것입니다. 정사각형의 한 변의 길이가 4cm일 때, 가장 큰 원의 지름을 구하세요.

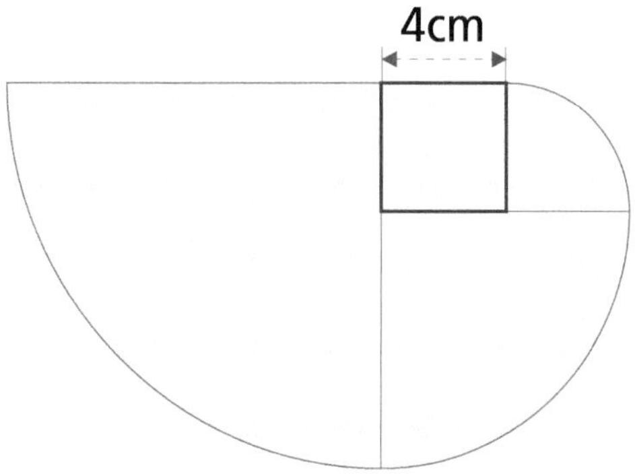

01 무우는 둘레가 126cm인 직사각형 모양의 긴 화단에 일렬로 꽃을 심는데 꽃과 꽃 사이에는 경계석을 넣어 구분하려고 합니다. 아래와 같이 꽃은 지름이 4cm인 원 모양, 경계석은 둘레가 10cm인 직사각형 모양입니다. 화단에 최대로 심을 수 있는 꽃은 모두 몇 송이인지 구하세요.

너무 목이 마르다..
우리 음료수라도 사먹자!
목 말랑...
알겠어. 내가 혼자 다녀올게 얘들아!
음료수가 네 개인데 혼자 들고 갈 수 있겠어요?
음...
흐음.. 묶어서 들고가면 될 것 같아요!

무우는 음료수 캔 네 개를 아래와 같이 팽팽하게 묶으려고 합니다. 음료수 캔 윗면의 원의 지름은 8cm, 둘레는 24cm일 때, 필요한 끈의 길이를 구하세요.

아르헨티나에서 다섯째 날 모든 문제 끝~!
친구들과 함께한 아르헨티나에서의 수학여행을 마친 소감은 어떤가요?

MEMO

영재들의
Math Travel
수학여행

무한상상

창의영재수학

아이앤아이

정답 및 풀이

초급 초등 3~5학년

C 측정 아르헨티나편

무한상상

Imagine Infinite!

창의영재수학

아이앤아이

정답 및 풀이

초급
초등 3~5학년

C
측정
아르헨티나편

1. 길이와 무게 재기

대표문제 I 확인하기 1 P. 13

[정답] 9가지

〈풀이 과정〉

① 양팔 저울의 한쪽에 추를 올려서 측정할 수 있는 무게는 아래와 같습니다.

i) 1개의 추로 측정할 수 있는 무게는 2, 4, 5kg으로 총 3가지입니다.

ii) 2개 추 무게의 합으로 측정할 수 있는 무게는 아래와 같이 총 3가지입니다.

2 + 4 = 6kg, 2 + 5 = 7kg, 4 + 5 = 9kg

iii) 3개의 추 무게의 합으로 측정할 수 있는 무게는 2 + 4 + 5 = 11kg으로 1가지입니다.

한쪽에 추를 놓았을 때, 중복된 무게가 없으므로 측정할 수 있는 무게는 총 7가지입니다.

② 양팔 저울의 양쪽에 추를 올려 무게의 차를 측정할 수 있습니다.

i) 추를 1개씩 올리는 경우 측정할 수 있는 무게는 아래와 같이 총 3가지입니다.

4 - 2 = 2kg, 5 - 4 = 1kg, 5 - 2 = 3kg

ii) 한쪽에는 2개, 남은 한쪽에는 1개를 올려서 측정할 수 있는 무게는 아래와 같이 총 3가지입니다.

4 + 2 - 5 = 1kg, 5 + 2 - 4 = 3kg,

4 + 5 - 2 = 7kg

양쪽에 추를 놓았을 때, 측정 할 수 있는 무게는 2, 1, 3, 7이나, 2와 7은 한쪽에 추를 올렸을 때와 중복되므로 1, 3 2가지입니다.

③ 따라서 양팔 저울과 2, 4, 5kg의 추를 이용해서 한쪽과 양쪽에 놓았을 때, 중복된 무게를 제외하여 측정할 수 있는 무게는 총 7 + 2 = 9가지입니다.(정답)

대표문제 I 확인하기 2 P. 13

[정답] 15가지

〈풀이 과정〉

① 양팔 저울의 한쪽에 추를 올려서 측정할 수 있는 무게는 아래와 같습니다.

i) 1개의 추로 측정할 수 있는 무게는 1, 2, 4, 8g으로 총 4가지입니다.

ii) 2개 추 무게의 합으로 측정할 수 있는 무게는 아래와 같이 총 6가지입니다.

1 + 2 = 3g, 1 + 4 = 5g, 1 + 8 = 9g,

2 + 4 = 6g, 2 + 8 = 10g, 4 + 8 = 12g

iii) 3개의 추 무게의 합으로 측정할 수 있는 무게는 아래와 같이 총 4가지입니다.

1 + 2 + 4 = 7g, 1 + 2 + 8 = 11g,

1 + 4 + 8 = 13g, 2 + 4 + 8 = 14g

iv) 4개의 추 무게의 합으로 측정할 수 있는 무게는 1 + 2 + 4 + 8 = 15g으로 1가지입니다.

한쪽에 추를 놓았을 때, 중복된 무게가 없으므로 측정할 수 있는 무게는 총 4 + 6 + 4 + 1 = 15가지입니다.

② 양팔 저울의 양쪽에 추를 올려 무게의 차를 측정할 수 있습니다.

i) 추를 양쪽에 1개씩 올리는 경우 측정할 수 있는 무게는 아래와 같이 총 6가지입니다.

8 - 1 = 7g, 2 - 1 = 1g,

4 - 1 = 3g, 4 - 2 = 2g,

8 - 2 = 6g, 8 - 4 = 4g

ii) 한쪽에는 2개, 남은 한쪽에는 1개를 올려서 측정할 수 있는 무게는 오른쪽 〈표〉와 같이 5, 11, 9, 3, 7, 10, 6, 1g으로 총 8가지입니다.

2 + 4 - 1 = 5
4 + 8 - 1 = 11
2 + 8 - 1 = 9
1 + 4 - 2 = 3
1 + 8 - 2 = 7
8 + 4 - 2 = 10
1 + 8 - 4 = 5
2 + 8 - 4 = 6
4 - (1 + 2) = 1

〈표〉

iii) 한쪽에는 3개, 남은 한쪽에는 1개를 올려서 측정할 수 있는 무게는 아래와 같이 4가지입니다.

(8 + 1 + 2) - 4 = 7g,

(8 + 4 + 2) - 1 = 13g,

(8 + 1 + 4) - 2 = 11g

8 - (1 + 2 + 4) = 1g

iv) 한쪽에는 2개, 남은 한쪽에는 2개를 올려서 측정할 수 있는 무게는 아래와 같이 3가지입니다.

(8 + 1) - (2 + 4) = 3g, (8 + 4) - (1 + 2) = 9g,

(8 + 2) - (1 + 4) = 5g

③ 양쪽에 추를 놓았을 때, 측정할 수 있는 무게는 모두 한쪽에 추를 놓았을 때와 중복됩니다.

따라서 양팔 저울과 1, 2, 4, 8g의 추를 이용해서 측정할 수 있는 무게는 총 15가지입니다.(정답)

대표문제2 확인하기 .... P. 15

[정답] 풀이 과정 참조

〈풀이 과정〉

① 1, 2, 4cm자를 한 번씩 사용하여 1, 2, 4cm 길이를 측정할 수 있습니다.

② 두 자의 길이의 합으로 측정할 수 있는 길이는

$1 + 2 = 3,\ \ 4 + 1 = 5,\ \ 4 + 2 = 6$

③ 두 자의 길이의 차로 측정할 수 있는 길이는

$4 - 1 = 3,\ \ 4 - 2 = 2,\ \ 2 - 1 = 1$

④ 두 자의 길이를 합한 후 나머지 자로 차를 이용해 측정할 수 있는 길이는

$(4 + 1) - 2 = 3,\ \ (4 + 2) - 1 = 5,$

$4 - (1 + 2) = 1$

⑤ 세 자의 길이의 합으로 측정할 수 있는 길이는

$1 + 2 + 4 = 7$

⑥ 따라서 〈표〉와 같이 1cm부터 7cm까지 각 길이를 측정하는 방법을 적을 수 있습니다.

길이	방법
1cm	1, 2 - 1, 4 - (2 + 1)
2cm	2, 4 - 2
3cm	1 + 2, 4 - 1, (4 + 1) - 2
4cm	4
5cm	4 + 1, (4 + 2) - 1
6cm	4 + 2
7cm	4 + 2 + 1

〈표〉

연습문제 01 .... P. 16

[정답] 13가지

〈풀이 과정〉

① 양팔 저울의 한쪽에 추를 올려서 측정할 수 있는 무게는 아래와 같습니다.

i) 1개의 추로 측정할 수 있는 무게는 2, 6, 9kg으로 총 3가지입니다.

ii) 2개 추 무게의 합으로 측정할 수 있는 무게는 아래와 같이 총 3가지입니다.

$2 + 6 = 8$kg, $2 + 9 = 11$kg, $6 + 9 = 15$kg

iii) 3개의 추 무게의 합으로 측정할 수 있는 무게는

$2 + 6 + 9 = 17$kg으로 1가지입니다.

합을 이용해서 측정할 수 있는 무게는

총 2, 6, 8, 9, 11, 15, 17로 7가지입니다.

② 양팔 저울의 양쪽에 추를 올려 무게의 차를 측정할 수 있습니다.

i) 추를 1개씩 올리는 경우 측정할 수 있는 무게는 아래와 같이 총 3가지입니다.

$6 - 2 = 4$kg, $9 - 6 = 3$kg, $9 - 2 = 7$kg

ii) 한쪽에는 2개, 남은 한쪽에는 1개를 올려서 측정할 수 있는 무게는 아래와 같이 총 3가지입니다.

$(9 + 6) - 2 = 13$kg,

$(9 + 2) - 6 = 5$kg,

$9 - (2 + 6) = 1$kg

차를 이용해 측정할 수 있는 무게는 총 1, 3, 4, 5, 7, 13으로 총 6가지입니다. 이것은 ①의 경우와 중복되지 않습니다.

③ 따라서 양팔 저울과 2, 6, 9kg의 추를 이용해서 측정할 수 있는 무게는 총 $7 + 6 = 13$가지입니다. (정답)

연습문제 02 .... P. 16

[정답] 9가지

〈풀이 과정〉

① 양팔 저울의 한쪽에만 놓을 수 있고 1g, 4g이 한 개씩 있고 3g이 두 개가 있습니다. 양팔 저울의 한쪽에 추를 올려서 측정할 수 있는 무게는 아래와 같습니다. 중복된 경우는 한 가지만 적습니다.

i) 1개의 추로 측정할 수 있는 무게는 1, 3, 4g으로 총 3가지입니다.

ii) 2개 추 무게의 합으로 측정할 수 있는 무게는 아래와 같이 총 3가지입니다.

$3 + 3 = 6$g, $1 + 4 = 5$g, $3 + 4 = 7$g

iii) 3개 추 무게의 합으로 측정할 수 있는 무게는 아래와 같이 총 2가지입니다.

$1 + 3 + 4 = 8$g, $3 + 3 + 4 = 10$g

iv) 4개 추 무게의 합으로 측정할 수 있는 무게는

$1 + 3 + 3 + 4 = 11$g으로 한 가지입니다.

② 따라서 측정할 수 있는 무게는 중복된 무게를 제외하여 총 $3 + 3 + 2 + 1 = 9$가지입니다. (정답)

연습문제 03 .... P. 16

[정답] 5가지

〈풀이 과정〉

① 주어진 자는 서로 떨어져 있는 길이를 붙여서 잴 수 없습니다. 서로 붙어 있는 길이를 더해서 잴 수 있는 길이를 모

두 구합니다. 중복된 경우는 한 가지만 적습니다.

② i) 먼저 주어진 눈금을 통해 잴 수 있는 길이는 1, 2, 3, 7cm입니다.

ii) 2cm를 포함하여 잴 수 있는 길이는 2 + 1 + 7 = 10, 2 + 1 + 7 + 3 = 13으로 10, 13 cm입니다.

iii) 1cm를 포함하여 잴 수 있는 길이는 1 + 7 = 8, 1 + 7 + 3 = 11으로 8, 11cm입니다.

iv) 7cm 또는 3cm를 포함하여 잴 수 있는 길이는 위의 경우에 모두 포함되어 있습니다.

③ 주어진 자로 1cm부터 13cm까지 1cm 간격의 길이를 잴 때, 잴 수 있는 길이는 1, 2, 3, 7, 8, 10, 11, 13cm으로 총 8가지입니다. 따라서 잴 수 없는 길이는 4, 5, 6, 9, 12cm으로 총 5가지입니다. (정답)

연습문제 **04** .... P. 17

[정답] 22가지

<풀이 과정>

① 주어진 자가 한 개씩 있으므로 순서와 상관없이 이어 붙이거나 겹쳐서 잴 수 있는 길이를 구합니다. 중복된 경우는 한 가지만 적습니다.

② 주어진 자를 이어 붙여서 잴 수 있는 길이는 아래와 같습니다.

i) 1개의 자로 잴 수 있는 길이는 1, 4, 7, 11cm으로 총 4가지입니다.

ii) 2개 자 길이의 합으로 잴 수 있는 길이는 아래와 같이 총 5가지입니다.

1 + 4 = 5cm, 1 + 7 = 8cm, 1 + 11 = 12cm,

7 + 11 = 18cm, 4 + 11 = 15cm

iii) 3개 자 길이의 합으로 잴 수 있는 길이는 아래와 같이 총 3가지입니다.

1 + 4 + 11 = 16cm, 1 + 7 + 11 = 19cm,

4 + 7 + 11 = 22cm

iv) 4개 자 길이의 합으로 잴 수 있는 길이는

1 + 4 + 7 + 11 = 23cm으로 1가지입니다.

이어 붙여서 잴 수 있는 길이는 총 4 + 5 + 3 + 1 = 13가지입니다.

③ 주어진 자를 겹쳐서 잴 수 있는 길이는 아래와 같습니다.

i) 2개의 자를 서로 겹치는 경우 잴 수 있는 길이는 아래와 같이 총 3가지입니다.

11 - 1 = 10cm, 7 - 1 = 6cm, 4 - 1 = 3cm

ii) 2개의 자를 이어 붙인 후 나머지 한 개의 자를 겹쳐서 잴 수 있는 길이는 아래와 같이 총 3가지입니다.

(11 + 7) - 1 = 17cm, (11 + 4) - 1 = 14cm,

7 - (1 + 4) = 2cm

iii) 2개씩 자를 이어 붙인 후 겹쳐서 잴 수 있는 길이는 (11 + 7) - (1 + 4) = 13cm으로 한 가지입니다.

iv) 3개의 자를 이어 붙인 후 나머지 자를 겹쳐서 잴 수 있는 길이는 아래와 같이 총 2가지입니다.

(11 + 4 + 1) - 7 = 9cm,

(11 + 7 + 4) - 1 = 21cm

겹쳐서 잴 수 있는 길이는 총 3 + 3 + 1 + 2 = 9가지입니다.

④ 따라서 1, 4, 7, 11cm 자를 이용해서 잴 수 있는 길이는 총 13 + 9 = 22가지입니다. (정답)

연습문제 **05** .... P. 17

[정답] 6가지

<풀이 과정>

① 먼저 양팔 저울의 한쪽에만 추를 놓아 55g을 만드는 방법은 아래와 같습니다.

i) 2개의 추를 이용하여 만드는 방법은

15 + 40, 20 + 35으로 총 2가지입니다.

ii) 3개의 추를 이용하여 만드는 방법은

35 + 15 + 5으로 한 가지입니다.

양팔 저울의 한쪽에만 추를 놓아 55g을 만드는 방법은 총 2 + 1 = 3가지입니다.

② 양팔 저울의 양쪽 모두에 추를 놓아 55g을 만드는 방법은 아래와 같습니다.

i) 2개의 추를 왼쪽에 놓은 후 추 1개를 오른쪽에 놓는 방법은

40 + 20 - 5, 40 + 35 - 20으로 총 2가지입니다.

ii) 양쪽 모두 추를 각각 2개씩 놓는 방법은

40 + 35 - (15 + 5)으로 한 가지입니다.

양팔 저울의 양쪽에 추를 놓아 55g을 만드는 방법은

총 2 + 1 = 3가지입니다.

③ 따라서, 양팔 저울과 5, 15, 20, 35, 40g의 추를 이용해 55g을 만드는 방법은 총 3 + 3 = 6가지입니다. (정답)

연습문제 **06** .... P. 17

[정답] 10가지

<풀이 과정>

① 삼각형 1개에서 6, 8, 10cm로 총 3가지를 잴 수 있고 사각형 1개에서 1, 3cm로 총 2가지를 잴 수 있습니다. 중복된 경우는 한 가지만 적습니다. 한 도형의 두 변을 동시에 사용할 수 없습니다.

② <그림>과 같이 두 도형의 선분을 합하여
10 + 1 = 8 + 3, 6 + 1, 8 + 1 = 6 + 3, 10 + 3으로 11, 7, 13, 9cm 총 4가지를 잴 수 있습니다.
두 도형의 선분을 빼면 6 - 1 = 8 - 3으로 5cm을 잴 수 있습니다.

③ 따라서 삼각형과 사각형으로 잴 수 있는 길이는 모두 3 + 2 + 4 + 1 = 10가지입니다. (정답)

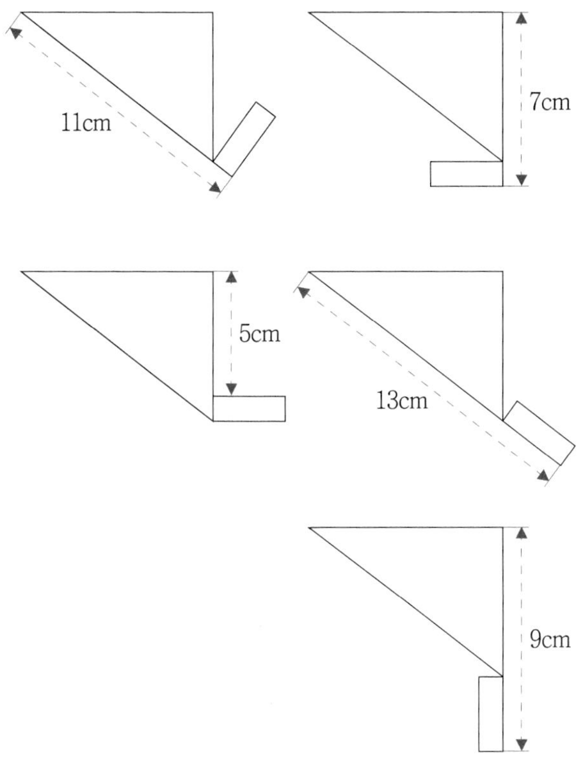

연습문제 07 ······ P. 18

[정답] 10가지

<풀이 과정>

① 중복된 경우는 한 가지만 적습니다.

② 한 개의 막대로 잴 수 있는 길이는 4, 9, 1cm으로 총 3가지입니다.

③ 막대의 길이의 합으로 잴 수 있는 길이는 아래와 같습니다.

i) 두 막대의 길이의 합으로 잴 수 있는 길이는
4 + 9 = 13cm, 9 + 1 = 10cm으로 총 2가지입니다.

ii) 세 막대의 길이의 합으로 잴 수 있는 길이는
4 + 9 + 1 = 14cm으로 한 가지입니다.

합으로 잴 수 있는 길이는 총 2 + 1 = 3가지입니다.

④ 막대의 길이의 차로 잴 수 있는 길이는 아래와 같습니다.

i) 두 막대의 길이의 차로 잴 수 있는 길이는
9 - 4 = 5cm, 9 - 1 = 8cm으로 총 2가지입니다.

ii) 두 막대의 길이를 더한 후 나머지 한 막대의 길이 뺐을 때, 잴 수 있는 길이는 (9 + 1) - 4 = 6cm,
(9 + 4) - 1 = 12cm으로 총 2가지입니다.

차로 잴 수 있는 길이는 총 2 + 2 = 4가지입니다.

⑤ 따라서 3개의 막대로 연결된 자로 잴 수 있는 길이는 모두 3 + 3 + 4 = 10가지입니다. (정답)

연습문제 08 ······ P. 18

[정답] A 상자

<풀이 과정>

① 상자 A의 무게는 2개의 추와 같습니다. 상자 B의 무게는 추 1개와 상자 A의 무게와 같습니다. 상자 B의 무게는 추 (1개 + 2개)으로 총 3개와 같습니다.

② 상자 B의 무게가 추 3개와 같으므로 상자 C의 무게는 추 (2개 + 3개)으로 총 5개와 같습니다.

③ 따라서 가장 가벼운 상자는 무게가 추 2개와 같은 A 상자입니다. (정답)

연습문제 09 ······ P. 19

[정답] 21g

<풀이 과정>

① 양팔저울에 한쪽 또는 양쪽에 추를 놓았을 때, 잴 수 있는 무게는 <표>와 같습니다. 중복되는 경우는 한 번만 적습니다. 아래 방법 외에도 다른 방법이 있을 수 있습니다.

② 따라서 양팔 저울과 1, 4, 7, 12g 추를 이용해서 잴 수 없는 무게는 21g입니다. (정답)

무게	방법	무게	방법
1g	1	13g	1 + 12
2g	7 - (4 + 1)	14g	(12 + 7) - (1 + 4)
3g	7 - 4, 4 - 1	15g	(12 + 4) - 1
4g	4	16g	4 + 12
5g	1 + 4	17g	1 + 4 + 12
6g	7 - 1	18g	(12 + 7) - 1
7g	7	19g	7 + 12
8g	1 + 7	20g	1 + 7 + 12
9g	(12 + 1) - 4	21g	잴 수 없습니다.
10g	(7 + 4) - 1	22g	(4 + 7 + 12) - 1
11g	7 + 4	23g	4 + 7 + 12
12g	12	24g	1 + 4 + 7 + 12

<표>

연습문제 10 ········· P. 19

[정답] 13cm

<풀이 과정>

① 삼각형 1개에서 2, 3, 4cm를 잴 수 있고 두 사각형에서 1, 5, 7cm를 잴 수 있습니다. 한 도형의 두 변을 동시에 사용할 수 없습니다.

② 도형의 선분을 합하여 <표>와 같이 잴 수 있는 길이의 방법을 적습니다. 중복되는 경우는 한 번만 적습니다. 아래 방법 외에도 다른 방법이 있을 수 있습니다.

③ 따라서 1cm부터 16cm까지의 1cm 간격의 길이를 잴 때, 잴 수 없는 길이는 13cm입니다. (정답)

길이	방법	길이	방법
1cm	1	9cm	4 + 5
2cm	2	10cm	2 + 5 + 3
3cm	3	11cm	3 + 5 + 3, 3 + 1 + 7
4cm	4	12cm	4 + 5 + 3, 4 + 1 + 7
5cm	5	13cm	잴 수 없습니다.
6cm	3 + 3	14cm	2 + 5 + 7
7cm	7	15cm	3 + 5 + 7
8cm	1 + 7	16cm	4 + 5 + 7

<표>

심화문제 01 ········· P. 20

[정답] 18가지

<풀이 과정>

① 막대를 이어 붙이지 않고 주어진 막대로 직접 재거나, 겹쳐 놓는 방법만 생각합니다. 먼저 각 막대를 겹치지 않았을 때, 잴 수 있는 길이는 1, 3, 8, 11, 25cm으로 총 5가지입니다. 중복된 경우는 한 번만 적습니다.

② 두 막대를 겹쳤을 때, 잴 수 있는 길이는 아래와 같습니다.

3 - 1 = 2, 8 - 3 = 5, 8 - 1 = 7,

11 - 1 = 10, 25 - 1 = 24, 25 - 3 = 22,

25 - 8 = 17, 25 - 11 = 14

두 막대를 겹쳤을 때, 잴 수 있는 길이는

2, 5, 7, 10, 24, 22, 17, 14으로 총 8가지입니다.

③ 긴 막대의 양쪽 끝에 두 막대를 겹쳤을 때, 잴 수 있는 길이는 아래와 같습니다.

(8 - 1) - 3 = 4, (25 - 1) - 3 = 21,

(25 - 8) - 1 = 16, (25 - 11) - 1 = 13,

(25 - 11) - 8 = 6

긴 선분의 양쪽 끝에 두 선분을 겹쳤을 때, 잴 수 있는 길이는 4, 21, 16, 13, 6으로 총 5가지입니다.

④ 따라서 1, 3, 8, 11, 25cm의 막대로 이어붙이지 않고 잴 수 있는 길이는 모두 5 + 8 + 5 = 18가지입니다. (정답)

심화문제 02 ········· P. 21

[정답] 1g, 4g, 7g

<풀이 과정>

① 1g부터 12g까지 9를 제외한 1g 간격의 무게를 모두 잴 수 있으므로 서로 다른 세 수의 합이 12g이 되는 경우를 모두 생각합니다.

만약 세 수의 합이 13g 이상이 되면, 9 이외에 무게를 잴 수 없는 경우가 생깁니다.

세 수의 합이 12g인 경우는 (1, 2, 9), (1, 3, 8), (1, 4, 7), (1, 5, 6), (2, 3, 7), (2, 4, 6), (3, 4, 5)으로 총 7가지가 있습니다. 이 중에서 한눈에 2개로 9g을 만들 수 있는 경우를 제외합니다.

최종적으로 (1, 4, 7), (1, 5, 6), (2, 4, 6)으로 3개만 남습니다.

② 위에서 구한 3개의 추로 1g부터 12g까지 9g을 제외한 1g 간격의 무게를 잴 수 있는지 구합니다. 아래 방법 외에도 다른 방법이 있을 수 있습니다.

i) (1, 4, 7)인 경우, <표 1>와 같이 9g을 제외한 나머지 무게를 모두 잴 수 있습니다.

ii) (1, 5, 6)인 경우, <표 2>와 같이 3, 8, 9g을 제외한 나머지 무게를 모두 잴 수 있습니다.

iii) (2, 4, 6)인 경우, <표 3>와 같이 1, 3, 5, 7, 9 11g을 제외한 나머지 무게를 모두 잴 수 있습니다.

③ 따라서 1g, 4g, 7g인 경우만 9g을 제외한 1g부터 12g까지 무게를 모두 잴 수 있습니다. (정답)

무게	방법	무게	방법
1g	1	7g	7
2g	7 - (4 + 1)	8g	7 + 1
3g	7 - 4	9g	잴 수 없습니다.
4g	4	10g	(7 + 4) - 1
5g	4 + 1	11g	7 + 4
6g	7 - 1	12g	7 + 4 + 1

<표 1> - (1, 4, 7)인 경우

무게	방법	무게	방법
1g	1	7g	6 + 1
2g	(6 - 5) + 1	8g	잴 수 없습니다.
3g	잴 수 없습니다.	9g	잴 수 없습니다.
4g	5 - 1	10g	(6 + 5) - 1
5g	5	11g	6 + 5
6g	6	12g	6 + 5 + 1

<표 2> - (1, 5, 6)인 경우

무게	방법	무게	방법
1g	잴 수 없습니다.	7g	잴 수 없습니다.
2g	2	8g	2 + 6
3g	잴 수 없습니다.	9g	잴 수 없습니다.
4g	4	10g	6 + 4
5g	잴 수 없습니다.	11g	잴 수 없습니다.
6g	6	12g	6 + 4 + 2

<표 3> - (2, 4, 6)인 경우

심화문제 03 P. 22

[정답] 풀이 과정 참조

<풀이 과정>

① 1cm부터 20cm까지 1cm 간격의 길이를 모두 잴 수 있으므로 네 수의 합이 20cm이 되는 경우를 모두 생각합니다. 네 수의 합이 20cm인 경우는 <표>와 같이 총 23가지가 있습니다.

이 중에서 노란색 9칸은 가장 짧은 길이가 2cm와 3cm이므로 19cm를 잴 수 없습니다.

노란색 9 칸을 제외한 14 칸의 적힌 순서쌍이 1cm부터 20cm까지 1cm 간격의 길이를 모두 잴 수 있는지 구합니다.

② <표>에서 잴 수 있는 길이와 잴 수 없는 길이를 각각 구합니다.

i) 파란색 칸인 (1, 2, 3, 14)의 경우, 7cm를 제외한 나머지 길이를 모두 잴 수 있습니다.

ii) 흰색 9칸의 경우, <예시 표>와 같이 1cm부터 20cm까지 1cm 간격 길이를 모두 잴 수 있습니다. 아래 방법 외에도 다른 방법이 있을 수 있습니다.

iii) 회색 3칸의 경우, 17cm를 제외한 나머지 길이를 모두 잴 수 있습니다.

iv) 빨간색 칸인 (1, 5, 6, 8)의 경우, 16, 17cm를 제외한 나머지 길이를 모두 잴 수 있습니다.

③ 따라서 <표>에서 흰색 칸에 적힌 순서쌍 중 한 개를 적으면 1cm부터 20cm까지 모두 잴 수 있습니다. (정답)

(1, 2, 3, 14)	(1, 2, 4, 13)	(1, 2, 5, 12)	(1, 2, 6, 11)
(1, 2, 7, 10)	(1, 2, 8, 9)		
(1, 3, 4, 12)	(1, 3, 5, 11)	(1, 3, 6, 10)	(1, 3, 7, 9)
(1, 4, 5, 10)	(1, 4, 6, 9)	(1, 4, 7, 8)	
(1, 5, 6, 8)			
(2, 3, 4, 11)	(2, 3, 5, 10)	(2, 3, 6, 9)	(2, 3, 7, 8)
(2, 4, 5, 9)	(2, 4, 6, 8)		
(2, 5, 6, 7)			
(3, 4, 5, 8)	(3, 4, 6, 7)		

<표>

길이	방법	길이	방법
1cm	1	11cm	13 - 2
2cm	2	12cm	13 - 1
3cm	1 + 2	13cm	13
4cm	4	14cm	13 + 1
5cm	4 + 1	15cm	13 + 2
6g	4 + 2	16cm	13 + 1 + 2
7cm	4 + 2 + 1	17cm	13 + 4
8cm	13 - (4 + 1)	18cm	13 + 4 + 1
9cm	13 - 4	19cm	13 + 4 + 2
10cm	13 - (2 + 1)	20cm	13 + 4 + 2 + 1

<예시 표> - (1, 2, 4, 13) 일 때

심화문제 04 P. 23

[정답] 풀이 과정 참조

<풀이 과정>

<10g짜리 물건의 무게 재는 방법>

① 모든 추를 합한 무게는 3 + 8 + 15 + 32 + 62 = 120g입니다.

5개의 추를 모두 사용하여 10g짜리 물건을 잰다면 양팔 저울 양쪽에 무게의 총합은 120 + 10 = 130g입니다.

두 양팔 저울의 접시 위에 각각 130 ÷ 2 = 65g을 올려놓아야 합니다.

② 한쪽에 가장 무거운 추인 62g과 3g 무게의 추를 놓아 65g을 맞추고 나머지 한쪽에는 8g, 15g, 32g 무게의 추를 놓아 55g을 맞춥니다.

③ 따라서 무게가 55g인 쪽에 어떤 물건을 놓아 양팔 저울이 수평을 이룬다면 이 물건이 10g임을 알 수 있습니다. (정답)

<34g짜리 물건의 무게 재는 방법>

① 위와 마찬가지로 5개의 추를 모두 사용하여 34g짜리 물건을 잰다면 양팔 저울 양쪽 무게의 총합은 120 + 34 =

154g입니다. 두 양팔 저울의 접시 위에 각각 154 ÷ 2 = 77g을 올려놓아야 합니다.

② 한쪽에 가장 무거운 추인 62g과 15g 무게의 추를 놓아 77g을 맞추고 나머지 한쪽에는 나머지 추인 3g, 8g, 32g 무게의 추를 놓아 43g을 맞춥니다.

③ 따라서 무게가 43g인 쪽에 어떤 물건을 놓아 양팔 저울이 수평을 이룬다면 이 물건이 34g임을 알 수 있습니다. (정답)

창의적문제해결수학 **01** P. 24

[정답] 14cm

<풀이 과정>

① 한 개의 막대로 잴 수 있는 길이는 1, 2, 3, 4, 9cm입니다. 그 다음 막대의 길이의 합 또는 차로 잴 수 있는 길이는 <표>와 같습니다.

아래 방법 외에도 다른 방법이 있을 수 있습니다.

② 따라서 5개의 막대로 연결된 자로 잴 수 있는 길이는 1, 2, 3, 4, 5, 6, 7, 8, 9, 10, 11, 12, 13, 15, 16cm이고 잴 수 없는 길이는 14cm입니다. (정답)

길이	방법	길이	방법
1cm	1	9cm	9
2cm	2	10cm	1 + 9
3cm	3	11cm	2 + 9
4cm	4	12cm	3 + 9
5cm	9 - 4	13cm	4 + 9
6cm	9 - 3	14cm	잴 수 없습니다.
7cm	9 - 2	15cm	4 + 9 + 2
8cm	9 - 1	16cm	4 + 9 + 3

<표>

창의적문제해결수학 **02** P. 25

[정답] 무우

<풀이 과정>

① <표 1> 은 무우가 가진 2, 3, 7g의 추로 잴 수 있는 무게의 방법을 각각 적었습니다.

무우는 1g부터 12g까지 1g 간격의 무게 중에서 11g만 잴 수 없습니다.

무우는 총 11가지 종류의 무게를 잴 수 있습니다.

② <표 2> 는 상상이가 가진 1g, 5g, 7g의 추로 잴 수 있는 무게의 방법을 각각 적었습니다.

상상이는 1g부터 12g까지 1g 간격의 무게 중에 9g과 10g을 잴 수 없습니다.

상상이는 총 10가지 종류의 무게를 잴 수 있습니다.

③ 따라서 무우와 상상이 중에 더 많은 종류의 무게를 재는 사람은 무우입니다. (정답)

무게	방법	무게	방법
1g	3 - 2	7g	7
2g	2	8g	(7 + 3) - 2
3g	3	9g	7 + 2
4g	7 - 3	10g	7 + 3
5g	7 - 2	11g	잴 수 없습니다.
6g	(7 + 2) - 3	12g	7 + 3 + 2

<표 1> – 2, 3, 7g의 추

무게	방법	무게	방법
1g	1	7g	7
2g	7 - 5	8g	7 + 1
3g	(7 + 1) - 5	9g	잴 수 없습니다.
4g	5 - 1	10g	잴 수 없습니다.
5g	5	11g	(7 + 5) - 1
6g	5 + 1	12g	7 + 5

<표 2> – 1, 5, 7g의 추

2. 시간과 들이 재기

대표문제1 확인하기 1 ······ P. 31

[정답] 풀이 과정 참조

〈풀이 과정〉

① 13분짜리와 6분짜리 모래시계를 동시에 뒤집습니다. 아직 시간은 재지 않습니다.

② 6분짜리 모래시계의 모래가 모두 다 떨어졌을 때, 13분짜리 모래시계에는 7분만큼 모래가 남아 있습니다.

이때부터 시간을 재기 시작합니다. ➡ 7분

③ 13분짜리 모래시계의 7분만큼 모래가 다 떨어졌을 때, 다시 13분짜리 모래시계를 뒤집습니다. ➡ 13분

④ 13분짜리 모래시계의 모래가 다 떨어지는 순간 시간을 재기 시작한 지 총 7 + 13 = 20분이 됩니다.

대표문제1 확인하기 2 ······ P. 31

[정답] 풀이 과정 참조

〈풀이 과정〉

① 26분을 재려면 9분짜리 모래시계를 1번 또는 2번을 뒤집으면 됩니다. 하지만 9분짜리 모래시계를 1번 뒤집으면 남은 시간이 26 - 9 = 17분이 되므로 나머지 2분짜리와 6분짜리 모래시계로 17분을 만들 수 없습니다.

따라서 26분을 재려면 9분짜리 모래시계를 2번 뒤집어야 합니다.

② 9분짜리 모래시계를 2번 뒤집어 26분 - (9 + 9)분 = 8분이 남습니다. 나머지 2분과 6분짜리 모래시계로 8분을 재면 됩니다.

③ 6분짜리 모래시계를 1번 뒤집어 9 + 9 + 6 = 24분 잰 다음 2분짜리 모래시계를 1번 뒤집어 총 2분을 재면 총 24분 + 2분 = 26분이 됩니다.

6분짜리 모래시계와 2분짜리 모래시계를 각각 1번씩 뒤집으면 됩니다.

④ 정리하면 9분짜리 모래시계를 한 번 뒤집어 모든 모래가 다 떨어진 후, 한 번 더 9분짜리 모래시계를 뒤집어 모든 모래가 다 떨어질 때까지 시간을 잽니다.

➡ 총 9 + 9 = 18분

9분짜리 모래가 다 떨어지자마자 바로 6분짜리 모래시계를 뒤집습니다. ➡ 총 6분

6분짜리 모래가 다 떨어지자마자 바로 2분짜리 모래시계를 뒤집습니다. ➡ 총 2분

따라서 처음부터 시간을 재면 총 18 + 6 + 2 = 26분이 됩니다. 모래시계를 뒤집는 순서는 바뀌어도 상관없습니다.

대표문제2 확인하기 ······ P. 33

[정답] 풀이 과정 참조

〈풀이 과정〉

① 10L짜리 물통의 물을 7L짜리 물통에 가득 채웁니다. 그 다음 10L짜리 물통의 물 3L를 2L짜리 물통에 가득 채웁니다.

② 그러면 10L짜리 물통에는 물 1L가 남아 있습니다. 물을 가득 채우는 순서는 바뀌어도 상관없습니다.

연습문제 01 ······ P. 34

[정답] 8분

〈풀이 과정〉

① 한 개의 생선을 굽는 데 드는 시간은

(앞면 굽는 시간) + (뒷면 굽는 시간) = 3 + 2 = 5분

3개의 생선 A, B, C가 있다고 할 때,

만약 생선 A, B의 앞면을 먼저 굽습니다. ➡ 총 3분이 걸립니다.

그 후 생선 A, B의 뒷면을 굽습니다. ➡ 총 2분이 걸립니다.

나머지 생선 C의 앞면과 뒷면을 차례로 굽습니다. ➡ 총 5분이 걸립니다.

이런 경우는 총 3 + 2 + 5 = 10분이 걸립니다. 하지만 이 시간보다 더 적은 시간으로 구울 수 있습니다.

② 생선 A, B의 앞면을 모두 굽습니다. ➡ 총 3분이 걸립니다.

그 다음 B, C의 뒷면을 모두 굽습니다. ➡ 총 2분이 걸립니다.

그 후 A의 뒷면과 C의 앞면을 동시에 굽습니다. ➡ 총 3분이 걸립니다.

따라서 총 3 + 2 + 3 = 8분이 걸립니다.

③ 위와 같은 순서로 무우는 3개의 생선을 최소 8분 만에 모두 구울 수 있습니다.

연습문제 02 ······ P. 34

[정답] 풀이 과정 참조

〈풀이 과정 1〉

① 12L짜리 물통에 물을 가득 채웁니다.

그 다음 12L짜리 물통의 물을 8L짜리 물통에 가득 채웁니다. 그 다음 12L짜리 물통의 남아 있는 물 4L를 3L짜리 물통에 가득 채웁니다.

② 그러면 12L짜리 물통에는 물 1L가 남아 있습니다.

물을 옮기는 순서는 바뀌어도 상관없습니다.

〈풀이 과정 2〉

① 8L짜리 물통에 물을 가득 채웁니다.
물 8L를 12L짜리 물통에 모두 옮겨 담습니다.
다시 8L짜리 물통에 물을 가득 채웁니다.
그 다음 8L짜리 물통의 물을 3L짜리 물통에 가득 채웁니다.
그 다음 8L짜리 물통의 물 5L를 물 8L가 있는 12L짜리 물통에 가득 채웁니다.

② 그러면 8L짜리 물통에는 물 1L가 남아 있습니다.
물을 옮기는 순서는 바뀌어도 상관없습니다.

연습문제 03 ······ P. 34

[정답] 2분, 4분, 6분, 8분, 10분

〈풀이 과정〉

① 4분, 10분을 잴 수 있습니다. 4분짜리 모래시계를 한 번 뒤집어 모래가 모두 떨어지고 한 번 더 4분짜리 모래시계를 뒤집으면 총 4 + 4 = 8분을 잴 수 있습니다.

② 4분짜리와 10분짜리를 동시에 뒤집은 후 4분짜리 모래가 모두 떨어졌을 때, 10분짜리 모래시계에는 6분이 남아 있습니다.
이때부터 시간을 재면 6분을 잴 수 있습니다.

③ 4분짜리와 10분짜리를 동시에 뒤집은 후 4분짜리 모래가 다 떨어졌을 때, 다시 4분짜리 모래시계를 뒤집습니다.
그 후 4분짜리 모래가 다 떨어졌을 때, 10분짜리 모래시계에는 2분이 남아 있습니다.
이때부터 시간을 재면 2분을 잴 수 있습니다.

④ 4분, 10분짜리 모래시계는 (짝수)분이므로 (짝수) + (짝수) = 짝수이고 (짝수) - (짝수) = (짝수)이므로 (홀수)의 시간을 잴 수 없습니다.
따라서 1분부터 10분까지 1분 간격으로 잴 수 있는 시간은 2, 4, 6, 8, 10분입니다. (정답)

연습문제 04 ······ P. 35

[정답] 풀이 과정 참조

〈풀이 과정 1〉

① 물을 가득 채운 500mL를 400mL짜리 물통에 가득 채웁니다. 500mL짜리 물통에는 물 100mL가 남아 있습니다. 이 남은 물을 750mL짜리 물통에 모두 옮깁니다.

② 750mL짜리 물통에 물 100mL가 있으므로 나머지 500mL짜리와 150mL짜리 물통에 각각 한 번씩 물을 가득 채워 750mL짜리 물통에 물을 모두 옮깁니다.

③ 그러면 750mL짜리 물통에는 총 100mL + 500mL + 150mL = 750mL로 물이 가득 채워집니다.

〈풀이 과정 2〉

① 물을 가득 채운 400mL를 750mL짜리 물통에 모두 옮깁니다.

② 물이 가득 채운 500mL짜리 물통을 150mL짜리 물통에 가득 채웁니다. 500mL짜리 물통에는 물 350mL가 남아 있습니다.
이 남은 물을 750mL짜리 물통에 모두 옮깁니다.

③ 그러면 750mL짜리 물통에는 총 400mL + 350mL = 750mL로 물이 가득 채워집니다.

연습문제 05 ······ P. 35

[정답] 풀이 과정 참조

〈풀이 과정〉

① 〈표〉와 같이 먼저 7L 물통의 물을 가득 채워 5L 물통에 옮깁니다. 5L 물통에 담긴 물은 밖으로 버릴 수 있습니다.

② 따라서 〈표〉와 같이 물을 10회 옮기면 7L 물통의 6L 물을 잴 수 있습니다.

횟수	7L	5L	방법
1회	7L	0L	⇒ 7L 물통에 물을 가득 채웁니다.
2회	2L	5L	⇒ 7L 물통의 물을 5L 물통에 가득 채웁니다.
3회	2L	0L	⇒ 5L 물통의 물을 모두 버립니다.
4회	0L	2L	⇒ 7L 물통의 물을 5L 물통에 모두 옮깁니다.
5회	7L	2L	⇒ 7L 물통에 물을 가득 채웁니다.
6회	4L	5L	⇒ 7L 물통의 물을 5L 물통에 가득 채웁니다.
7회	4L	0L	⇒ 5L 물통의 물을 모두 버립니다.
8회	0L	4L	⇒ 7L 물통의 물을 5L 물통에 모두 옮깁니다.
9회	7L	4L	⇒ 7L 물통에 물을 가득 채웁니다.
10회	6L	5L	⇒ 7L 물통의 물을 5L 물통에 가득 채웁니다.

〈표〉

연습문제 06 ······ P. 35

[정답] 풀이 과정 참조

〈풀이 과정〉

① 11분짜리와 7분짜리 모래시계를 동시에 뒤집습니다.
아직 시간은 재지 않습니다.

② 7분짜리 모래시계의 모래가 모두 다 떨어졌을 때, 11분짜리 모래시계에는 4분만큼 모래가 남아 있습니다.
이때부터 시간을 재기 시작합니다. ➡ 4분

③ 11분짜리 모래시계의 4분만큼 모래가 다 떨어지는 순간 1분짜리 모래시계를 뒤집습니다. ➡ 1분

④ 따라서 1분짜리 모래시계의 모래가 다 떨어지는 순간 시간을 재기 시작한 지 총 4 + 1 = 5분이 됩니다.

연습문제 07 P. 36

[정답] 뒤집는 총횟수 = 6번

〈풀이 과정〉

① 57분을 재기 위해서 12분짜리 모래시계를 1번부터 5번까지 뒤집어 사용할 수 있습니다.

i) 12분짜리 모래시계를 5번 뒤집는 경우는 〈그림 1〉과 같습니다.

12분과 8분 모래시계를 동시에 뒤집은 후 8분짜리 모래시계가 다 떨어진 후부터 시간을 재면 57을 잴 수 있습니다. 모래시계를 뒤집는 총횟수는 5 + 1 + 1 = 7번입니다.

ii) 12분짜리 모래시계를 4번 뒤집는 경우는 〈그림 2〉와 같습니다.

5분과 8분을 동시에 뒤집은 후 서로 모래가 다 떨어지면 각각 뒤집습니다. 5분짜리 모래시계를 3번 뒤집은 후 8분짜리에 남은 시간부터 시간을 재기 시작하면 57분을 잴 수 있습니다. 모래시계를 뒤집는 총횟수는 3 + 4 + 3 = 10번입니다.

iii) 12분짜리 모래시계를 3번 뒤집는 경우는 12 × 3 = 36분이므로 나머지 두 모래시계로 57 - 36 = 21분을 만들어야 합니다. 8 × 2 + 5 = 21이므로 8분짜리 모래시계를 2번, 5분짜리 모래시계를 1번 뒤집으면 됩니다. 모래시계를 뒤집는 총횟수는 3 + 2 + 1 = 6번입니다.

iv) 12분짜리 모래시계를 2번과 1번 뒤집는 경우의 총횟수는 6번보다 더 많아집니다.

② 정리하면 위의 iii) 방법대로 12분짜리 모래시계를 3번 뒤집는 경우가 뒤집는 총횟수가 가장 적습니다.

따라서 뒤집는 횟수를 가장 적게 할 때, 총 뒤집는 횟수는 6번입니다. (정답)

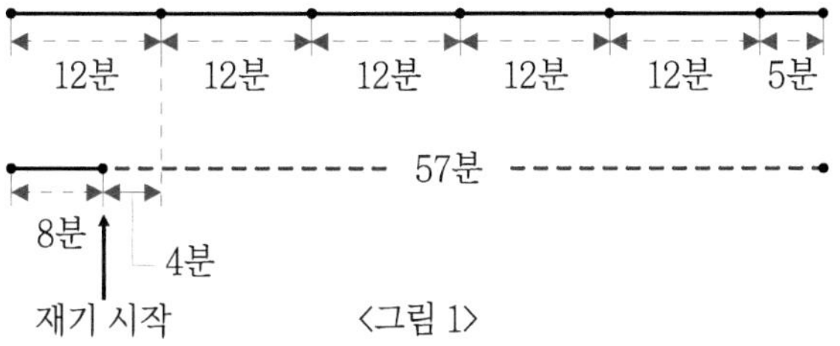

〈그림 1〉

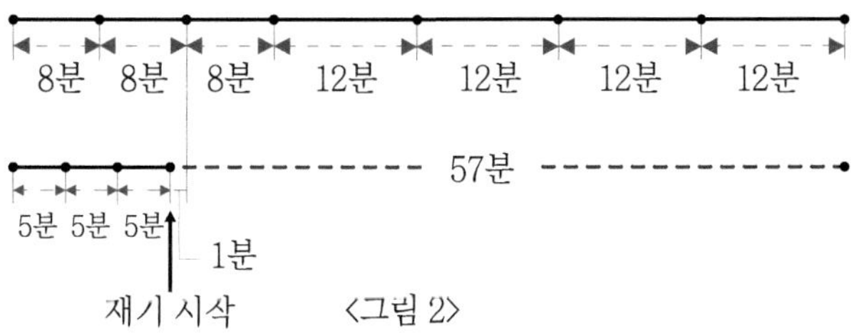

〈그림 2〉

연습문제 08 P. 36

[정답] 풀이 과정 참조

〈풀이 과정〉

① 〈표〉와 같이 15L 물통의 물을 3L 물통에 가득 채웁니다. 3L 물통의 물을 7L 물통에 모두 옮깁니다.

다시 15L 물통의 물을 3L 물통에 가득 채웁니다. 반복하면 됩니다.

② 따라서 〈표〉와 같이 물을 6회 옮기면 15L 물통에 물 6L가 있고 3L 물통에는 물 2L가 있습니다.

횟수	15L	7L	3L	방법
0회	15L	0L	0L	⇒ 15L 물통에 물이 가득 있습니다.
1회	12L	0L	3L	⇒ 15L 물통의 물을 3L 물통에 가득 채웁니다.
2회	12L	3L	0L	⇒ 3L 물통의 물을 7L 물통에 모두 옮깁니다.
3회	9L	3L	3L	⇒ 15L 물통의 물을 3L 물통에 가득 채웁니다.
4회	9L	6L	0L	⇒ 3L 물통의 물을 7L 물통에 모두 옮깁니다.
5회	6L	6L	3L	⇒ 15L 물통의 물을 3L 물통에 가득 채웁니다.
6회	6L	7L	2L	⇒ 3L 물통의 물을 7L 물통에 모두 옮깁니다.

〈표〉

연습문제 09 P. 37

[정답] 풀이 과정 참조

〈풀이 과정〉

① 〈표〉와 같이 12L 물통의 물을 5L 물통에 가득 채웁니다. 5L 물통의 물을 9L 물통에 모두 옮깁니다.

5L 물통에 1L의 물이 있도록 만듭니다.

② 따라서 〈표〉와 같이 물을 8회 옮기면 12L 물통과 9L 물통에 각각 6L 물이 있습니다.

횟수	12L	9L	5L	방법
0회	12L	0L	0L	⇒ 12L 물통에 물이 가득 있습니다.
1회	7L	0L	5L	⇒ 12L 물통의 물을 5L 물통에 가득 채웁니다.
2회	7L	5L	0L	⇒ 5L 물통의 물을 9L 물통에 모두 옮깁니다.
3회	2L	5L	5L	⇒ 12L 물통의 물을 5L 물통에 가득 채웁니다.
4회	2L	9L	1L	⇒ 5L 물통의 물을 9L 물통에 가득 채웁니다.
5회	11L	0L	1L	⇒ 9L 물통의 물을 12L 물통에 모두 옮깁니다.
6회	11L	1L	0L	⇒ 5L 물통의 물을 9L 물통에 모두 옮깁니다.
7회	6L	1L	5L	⇒ 12L 물통의 물을 5L 물통에 가득 채웁니다.
8회	6L	6L	0L	⇒ 5L 물통의 물을 9L 물통에 모두 옮깁니다.

〈표〉

연습문제 **10** P. 37

[정답] A = 2분, B = 6분, C = 8분

<풀이 과정>

① 첫 번째 조건에 따라 A와 B가 동시에 뒤집었을 때, 모래시계 B에는 4분이 남아 있습니다.

<그림 1>과 같이 모래시계 B의 시간은 모래시계 A의 시간과 1분짜리 모래시계 4개 합한 것과 같습니다.

② 두 번째 조건에 따라 B와 C가 동시에 뒤집었을 때, 모래시계 C에는 2분이 남아 있습니다.

<그림 2>와 같이 모래시계 C의 시간은 모래시계 B의 시간과 1분짜리 모래시계 2개와 합한 것과 같습니다.

<그림 2>에서 모래시계 B를 모래시계 A와 1분짜리 모래시계 4개로 바꿔서 생각할 수 있습니다.

③ 세 번째 조건에 따라 모래시계 A와 C를 연달아 시간을 쟀을 때, 총 10분이 됩니다.

<그림 3>과 같이 모래시계 C를 모래시계 A와 1분짜리 모래시계 6개로 바꿔 생각합니다. A 모래시계 2개는 1분짜리 모래시계 4개와 같아지므로 A 모래시계 1개의 시간은 2분입니다.

④ 모래시계 A의 시간이 2분이므로 모래시계 B의 시간은 2 + 4 = 6분이고 모래시계 C의 시간은 2 + 6 = 8분입니다. (정답)

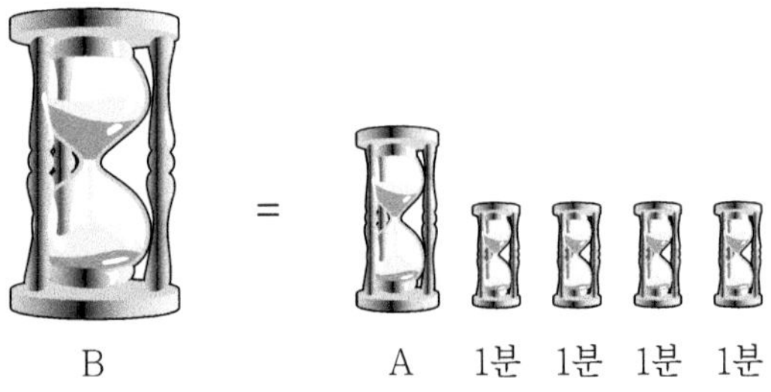

<그림 1>

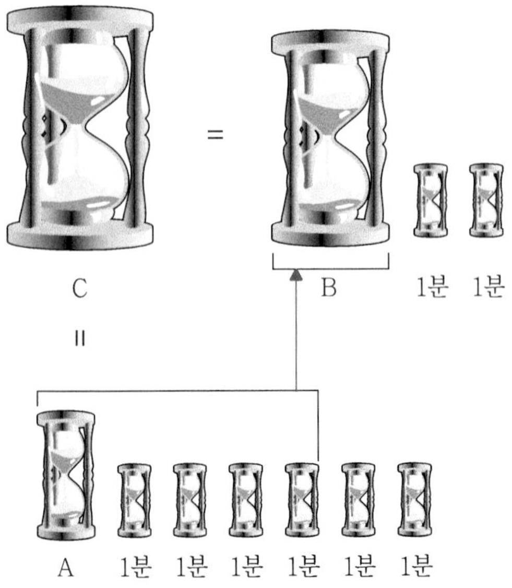

<그림 2>

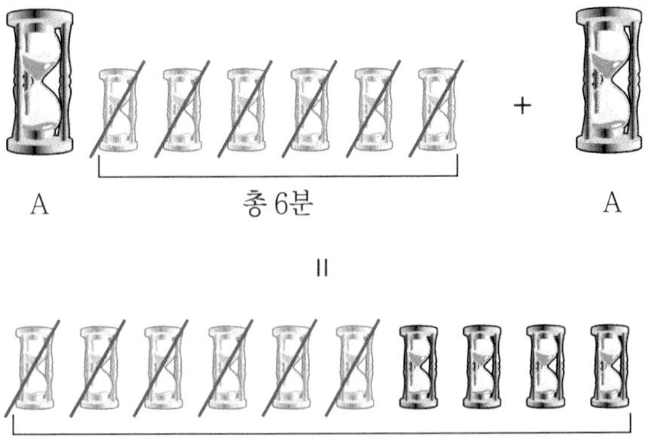

<그림 3>

심화문제 **01** P. 38

[정답] 풀이 과정 참조

<풀이 과정>

① <표>와 같이 먼저 10L 물통의 물을 3L 물통에 가득 채웁니다. 3L 물통의 물을 7L 물통에 모두 옮깁니다. 3L 물통에 물 2L가 있도록 만듭니다.

② 따라서 <표>와 같이 물을 10회 옮기면 10L 물통과 7L 물통의 각각 물 5L가 있습니다.

횟수	10L	7L	3L	방법
0회	10L	0L	0L	⇒ 10L 물통에 물이 가득 있습니다.
1회	7L	0L	3L	⇒ 10L 물통의 물을 3L 물통에 가득 채웁니다.
2회	7L	3L	0L	⇒ 3L 물통의 물을 7L 물통에 모두 옮깁니다.
3회	4L	3L	3L	⇒ 10L 물통의 물을 3L 물통에 가득 채웁니다.
4회	4L	6L	0L	⇒ 3L 물통의 물을 7L 물통에 모두 옮깁니다.
5회	1L	6L	3L	⇒ 10L 물통의 물을 3L 물통에 가득 채웁니다.
6회	1L	7L	2L	⇒ 3L 물통의 물을 7L 물통에 가득 채웁니다.
7회	8L	0L	2L	⇒ 7L 물통의 물을 10L 물통에 모두 옮깁니다.
8회	8L	2L	0L	⇒ 3L 물통의 물을 7L 물통에 모두 옮깁니다.
9회	5L	2L	3L	⇒ 10L 물통의 물을 3L 물통에 가득 채웁니다.
10회	5L	5L	0L	⇒ 3L 물통의 물을 7L 물통에 모두 옮깁니다.

<표>

심화문제 **02** P. 39

[정답] 풀이 과정 참조

<풀이 과정>

① 60분을 재기 위해서 가장 긴 모래시계를 먼저 사용합니다. 16분짜리 모래시계를 1번부터 3번까지 뒤집어 사용하는 경우를 생각합니다. 16분짜리 모래시계를 4번 이상 사용해도 됩니다.

i) 16분짜리 모래시계를 1번 뒤집는 경우
16 × 1 = 16분이므로 나머지 두 모래시계로
60 - 16 = 44분을 만들어야 합니다.
10 × 2 + 8 × 3 = 44이므로 10분짜리 모래시계를 2번, 8분짜리 모래시계를 3번 뒤집으면 됩니다.
60분을 만드는 방법은 16 × 1 + 10 × 2 + 8 × 3입니다.

ii) 16분짜리 모래시계를 2번 뒤집는 경우
16 × 2 = 32분이므로 나머지 두 모래시계로
60 - 32 = 28분을 만들어야 합니다.
10 × 2 + 8 = 28이므로 10분짜리 모래시계를 2번, 8분짜리 모래시계를 1번 뒤집으면 됩니다.
60분을 만드는 방법은 16 × 2 + 10 × 2 + 8 × 1입니다.

iii) 16분짜리 모래시계를 3번 뒤집는 경우
<그림>과 같이 16분과 10분 모래시계를 동시에 뒤집은 후 10분짜리 모래시계가 다 떨어지면 다시 뒤집습니다. 10분짜리 모래가 다 떨어지면 그때부터 시간을 재면 60분을 잴 수 있습니다.
60분을 만드는 방법은 16 × 4 - 10 × 2 + 8 × 2입니다.

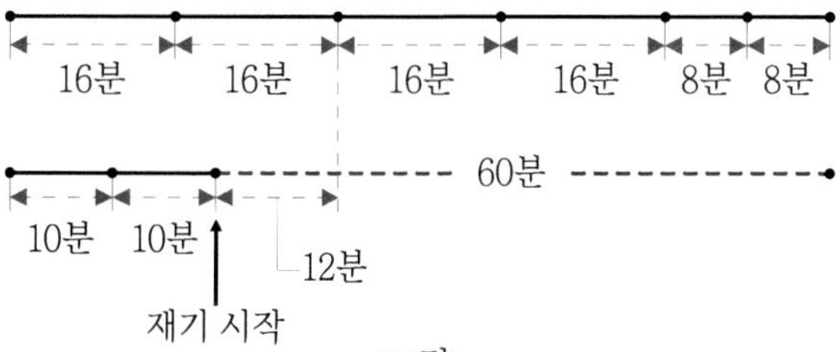

<그림>

② 위 3가지 방법대로 3개의 모래시계를 한 번 이상 사용하여 60분을 만들 수 있습니다. 이 외에도 16분짜리 모래시계를 4번 이상 사용하여 60분을 잴 수도 있습니다.

심화문제 03 P. 40

[정답] A = 7L, B = 5L, C = 4L

<풀이 과정>

① 첫 번째 조건에 따라 가득 찬 A를 C에 가득 채우면 A에는 3L가 남아 있습니다. <그림 1>과 같이 A의 들이는 C의 들이와 1L짜리 물통 3개를 합한 것과 같습니다.

② 두 번째 조건에 따라 가득 찬 B를 C에 가득 채우면 B에는 1L가 남아 있습니다. <그림 2>와 같이 B의 들이는 C의 들이와 1L짜리 물통 1개 합한 것과 같습니다.

③ 세 번째 조건에 따라 A와 B의 들이의 합이 C의 들이의 3배이므로 <그림 3>과 같이 A를 C와 1L짜리 3개, B를 C와 1L짜리 1개로 바꿔 생각합니다. 2개의 C 물통이 서로 같으므로 1개의 C의 들이는 1L짜리 4개와 같습니다.

④ C의 들이가 4L이므로 A의 들이는 4 + 3 = 7L이고 B의 들이는 4 + 1 = 5L입니다. (정답)

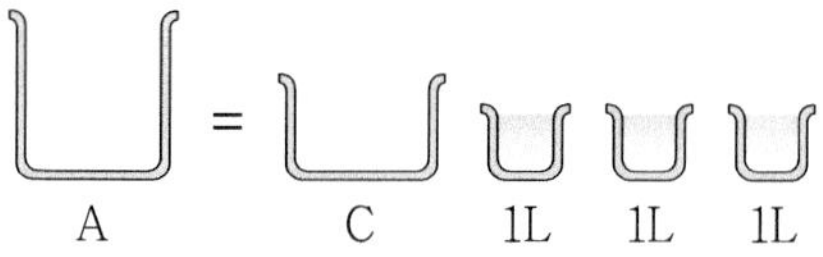

<그림 1>

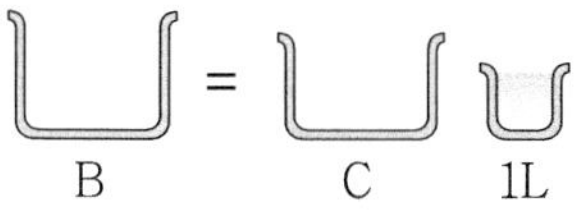

<그림 2>

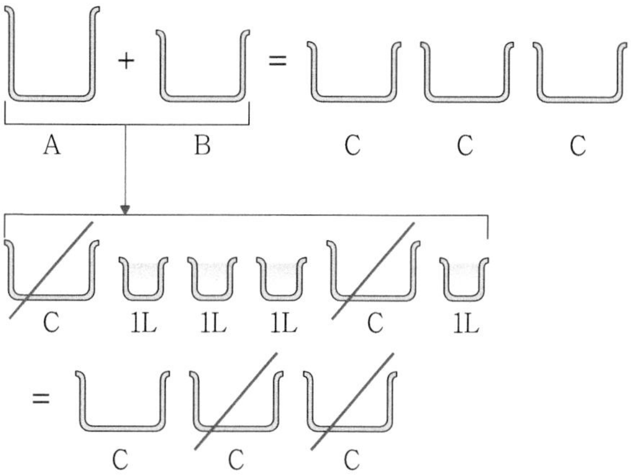

<그림 3>

심화문제 04 P. 41

[정답] 11L

<풀이 과정>

① 3개의 물통이 있으므로 3L, 8L, 12L를 만들 수 있습니다.

② 12L 물통에 물이 가득 차 있을 때, 나머지 두 물통에 물을 옮기는 방법은 12L 물통의 물을 8L에 가득 채우거나 3L 물통에 가득 채웁니다.
<표 1, 2>는 12L 물통의 물을 8L 물통에 가득 채우는 경우입니다.
<표 1>의 노란색 칸과 같이 1L와 4L를 만들 수 있습니다.
<표 2>의 노란색 칸과 같이 물을 옮기면 2L, 5L, 7L, 10L를 만들 수 있습니다.

③ <표 3> 은 12L 물통의 물을 3L 물통에 가득 채우는 경우입니다. <표 3>의 노란색 칸과 같이 물을 옮기면 6L와 9L를 만들 수 있습니다.

④ 1L부터 12L까지 만들 수 있는 들이는 1, 2, 3, 4, 5, 6, 7, 8, 9, 10, 12L입니다. 따라서 만들 수 없는 들이는 11L입니다.

횟수	12L	8L	3L	방법
0회	12L	0L	0L	⇒ 12L 물통에 물이 가득 있습니다.
1회	4L	8L	0L	⇒ 12L 물통의 물을 8L 물통에 가득 채웁니다.
2회	1L	8L	3L	⇒ 12L 물통의 물을 3L 물통에 가득 채웁니다.

<표 1>

횟수	12L	8L	3L	방법
0회	12L	0L	0L	⇒ 12L 물통에 물이 가득 있습니다.
1회	4L	8L	0L	⇒ 12L 물통의 물을 8L 물통에 가득 채웁니다.
2회	4L	5L	3L	⇒ 8L 물통의 물을 3L 물통에 가득 채웁니다.
3회	7L	5L	0L	⇒ 3L 물통의 물을 12L 물통에 모두 옮깁니다.
4회	7L	2L	3L	⇒ 8L 물통의 물을 3L 물통에 가득 채웁니다.
5회	10L	2L	0L	⇒ 3L 물통의 물을 12L 물통에 모두 옮깁니다.

<표 2>

횟수	12L	8L	3L	방법
0회	12L	0L	0L	⇒ 12L 물통에 물이 가득 있습니다.
1회	9L	0L	3L	⇒ 12L 물통의 물을 3L 물통에 가득 채웁니다.
2회	9L	3L	0L	⇒ 3L 물통의 물을 8L 물통에 모두 옮깁니다.
3회	6L	3L	3L	⇒ 12L 물통의 물을 3L 물통에 가득 채웁니다.

<표 3>

창의적문제해결수학 01 P. 42

[정답] 풀이 과정 참조

<풀이 과정 1>

① 15L와 12L에 물이 가득 차 있고 물통의 물을 버릴 수 없으므로 15 + 12 = 27L로 13L를 만들어야 합니다. 따라서 27 - 13 = 14L를 7L짜리 물통을 이용해 만들면 됩니다.

② 따라서 <표 1>와 같이 15L와 12L를 각각 7L짜리 물통에 가득 채우는 방법으로 13L를 만들 수 있습니다.

<풀이 과정 2>

① 13L와 가장 가까운 12L를 먼저 60L짜리 물통에 넣은 후 15L로 1L를 만드는 방법을 생각합니다. 15 - 7 - 7 = 1이므로 15L를 7L 물통에 가득 채우는 방법으로 1L를 만듭니다.

② 따라서 <표 2>와 같이 12L를 먼저 60L에 옮긴 후 15L와 7L로 1L를 만들면 13L를 만들 수 있습니다.

횟수	60L	15L	12L	7L	방법
0회	0L	15L	12L	0L	⇒ 15L와 12L 물통에 물이 가득 있습니다.
1회	0L	15L	5L	7L	⇒ 12L 물통의 물을 7L 물통에 가득 채웁니다.
2회	5L	15L	0L	7L	⇒ 12L 물통의 물을 60L 물통에 모두 옮깁니다.
3회	5L	15L	7L	0L	⇒ 7L 물통의 물을 12L 물통에 모두 옮깁니다.
4회	5L	8L	7L	7L	⇒ 15L 물통의 물을 7L 물통에 가득 채웁니다.
5회	13L	0L	7L	7L	⇒ 15L 물통의 물을 60L 물통에 모두 옮깁니다.

<표 1>

횟수	60L	15L	12L	7L	방법
0회	0L	15L	12L	0L	⇒ 15L와 12L 물통에 물이 가득 있습니다.
1회	12L	15L	0L	0L	⇒ 12L 물통의 물을 60L 물통에 모두 옮깁니다.
2회	12L	8L	0L	7L	⇒ 15L 물통의 물을 7L 물통에 가득 채웁니다.
3회	12L	8L	7L	0L	⇒ 7L 물통의 물을 12L 물통에 모두 옮깁니다.
4회	12L	1L	7L	7L	⇒ 15L 물통의 물을 7L 물통에 가득 채웁니다.
5회	13L	0L	7L	7L	⇒ 15L 물통의 물을 60L 물통에 모두 옮깁니다.

<표 2>

창의적문제해결수학 02 P. 43

[정답] 최소 13분, 최대 17분

<풀이 과정>

① 한 오븐에 3개의 쿠키만 구울 수 있으므로 <그림 1>과 같이 가장 먼저 5, 6, 6분짜리 쿠키를 굽고 난 다음 바로 꺼내 다음 쿠키를 굽습니다.

(6, 5, 6), (4, 7, 7), (3)으로 세 번씩 나눠서 넣으면 최소 13분이 걸려 모든 쿠키를 구울 수 있습니다.

② <그림 2>는 3, 4, 5분짜리 쿠키를 먼저 굽고 난 다음 바로 꺼내 다음 쿠키를 굽습니다. 5분 + 6분 = 11분인 곳에 마지막 7분짜리 쿠키를 넣지 않는 이유는 10분이 걸리는 곳에 바로 쿠키를 넣어야 하기 때문입니다.

(3, 4, 5), (7, 6, 6), (7)으로 세 번씩 나눠서 넣으면 최대 17분이 걸려 모든 쿠키를 구울 수 있습니다.

③ 따라서 7개의 쿠키를 모두 굽는 데 걸리는 시간은 최소 13분부터 최대 17분이 걸립니다.

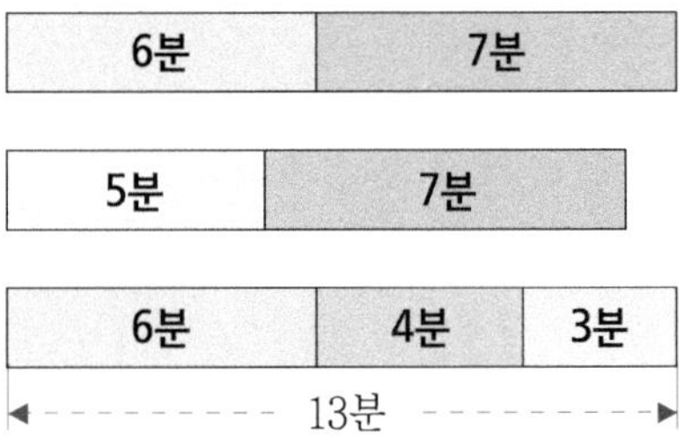

<그림 1>

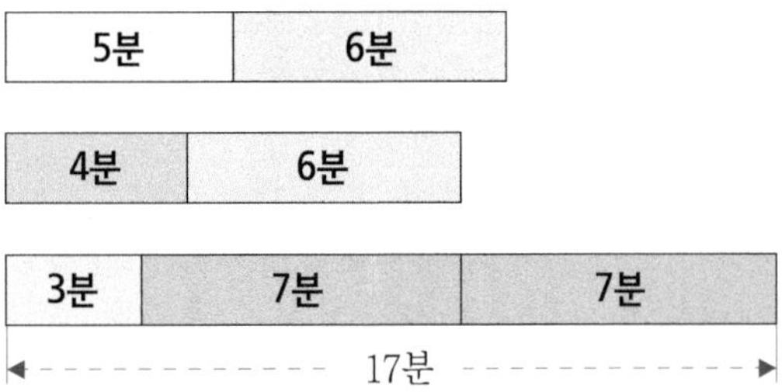

<그림 2>

3. 덮기와 넓이

대표문제1 확인하기 1 P. 49

[정답] 가장 많이 사용한 조각의 개수 = 16개,
가장 적게 사용한 조각의 개수 = 5개

〈풀이 과정〉

① 주어진 〈조각〉에서 조각 ㉠의 넓이가 1일 때, 나머지 조각 ㉡과 ㉢의 넓이는 각각 2이고 조각 ㉣의 넓이는 4입니다.

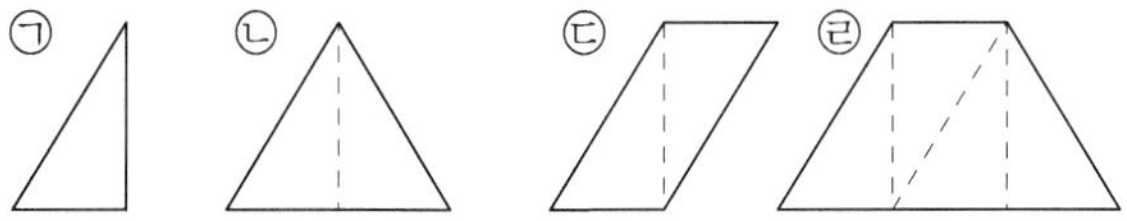

〈조각〉

② 조각을 가장 적게 사용하기 위해서는 넓이가 가장 넓은 조각을 먼저 덮습니다. 〈그림 1〉과 같이 가장 넓은 조각 ㉣ 3개를 덮습니다. 나머지 빈틈에 조각 ㉡과 ㉢을 덮습니다. 총 5조각을 사용했습니다.

③ 조각을 가장 많이 사용하기 위해서는 넓이가 가장 좁은 조각을 모두 덮습니다. 〈그림 2〉와 같이 넓이가 가장 좁은 조각 ㉠로 모두 덮습니다. 빈틈없이 총 16조각을 사용했습니다.

④ 따라서 가장 많이 사용한 조각의 개수는 16개이고 가장 적게 사용한 조각의 개수는 5개입니다. (정답)

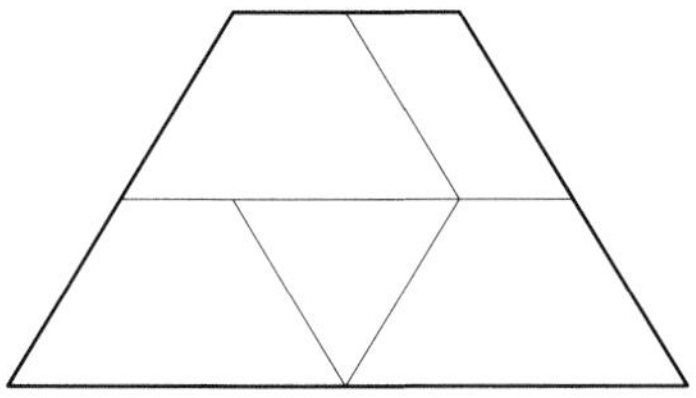

〈그림 1〉

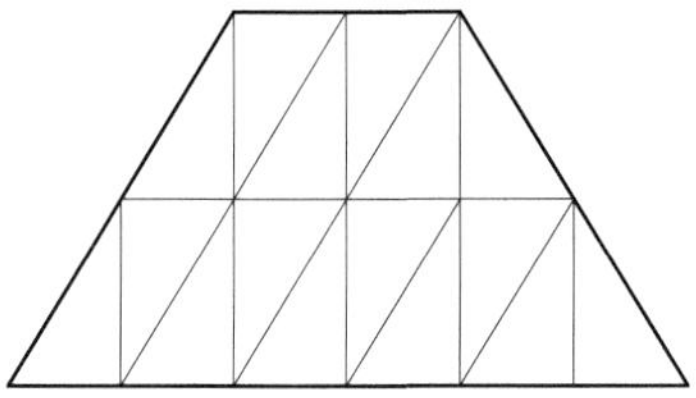

〈그림 2〉

대표문제2 확인하기 P. 51

[정답] 도형 ⓐ

〈풀이 과정〉

① 아래 〈도형 ⓐ〉, 〈도형 ⓑ〉와 같이 정사각형 모양으로 나누어 정사각형 모양의 개수를 서로 비교합니다. 〈그림〉과 같이 정사각형을 반으로 자른 삼각형 두 개를 서로 붙이면 정사각형 1개가 됩니다.

〈그림〉

② 도형 ⓐ에서 삼각형 모양의 개수는 총 6개이고 정사각형 모양의 개수는 총 10개입니다. 색칠된 칸의 개수는
총 $(6 \div 2) + 10 = 13$개입니다.

③ 도형 ⓑ에서 삼각형 모양의 개수는 총 6개이고 정사각형 모양의 개수는 총 8개입니다. 색칠된 칸의 개수는
총 $(6 \div 2) + 8 = 11$개입니다.

④ 따라서, 두 도형 ⓐ, ⓑ 중에 더 넓은 도형은 도형 ⓐ입니다. (정답)

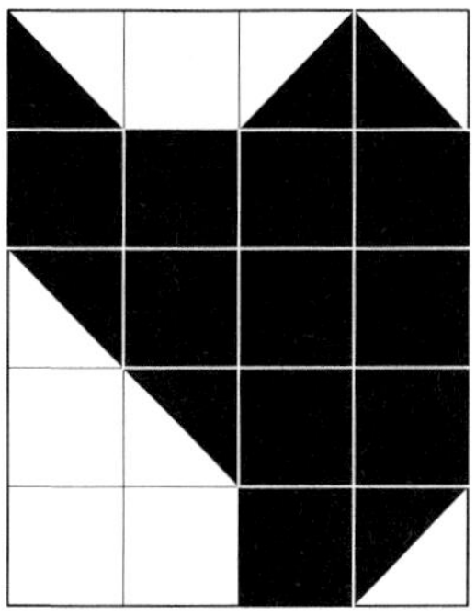

〈도형 ⓐ〉

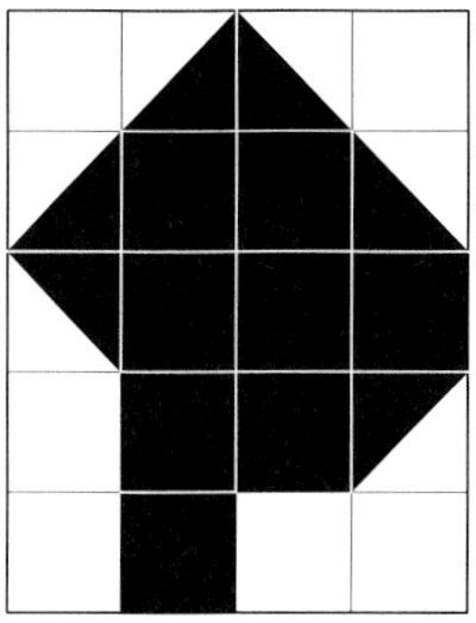

〈도형 ⓑ〉

연습문제 01 P. 52

[정답] 12배

〈풀이 과정〉

① 〈그림〉과 같이 색칠한 부분을 정삼각형 모양으로 덮습니다. 그러면 색칠한 부분에 정삼각형이 총 12개가 덮여 있습니다.

② 따라서 색칠한 부분의 넓이는 정삼각형의 12배입니다. (정답)

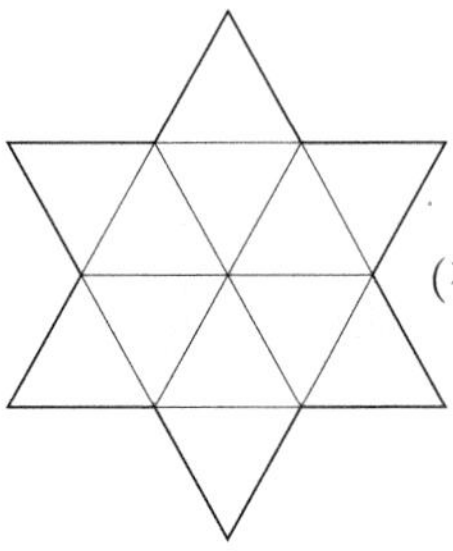

(정삼각형 12개)

〈그림〉

연습문제 **02** ·· P. 52

[정답] 풀이 과정 참조

〈풀이 과정〉

① 〈그림〉과 같이 칠교 조각 중에 가장 넓은 삼각형 ㉥과 ㉤을 먼저 덮습니다. 그 후 나머지 빈틈에 작은 조각들을 덮습니다.

② 따라서 〈그림〉과 같이 7개의 칠교 조각을 모두 덮을 수 있습니다.

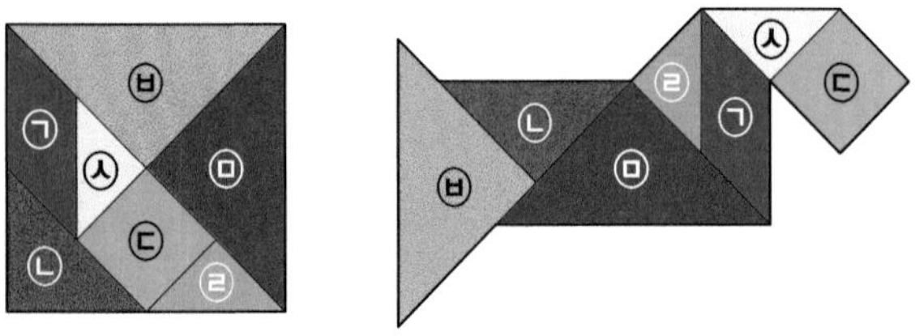

〈그림〉

연습문제 **03** ·· P. 52

[정답] 40개

〈풀이 과정〉

① 〈그림〉과 같이 〈조각〉을 빈틈없이 채우면 한 줄에 총 10개의 삼각형을 덮을 수 있습니다.

② 따라서 네 줄에 10개의 삼각형이 있으므로 빈틈없이 채우려면 총 40개의 삼각형이 필요합니다. (정답)

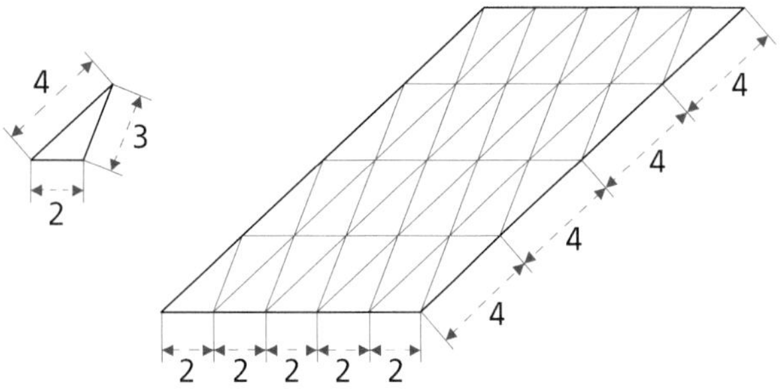

연습문제 **04** ·· P. 52

[정답] 도형 ⓐ = $\frac{5}{13}$, 도형 ⓑ = $\frac{4}{12}$

〈풀이 과정〉

① 도형 ⓐ, ⓑ와 같이 삼각형 모양으로 나눕니다. 전체 삼각형 중에 색칠된 부분을 분수로 각각 나타냅니다.

② 도형 ⓐ는 전체 삼각형 개수는 13개입니다. 색칠된 부분의 삼각형 개수는 5개입니다. 도형 ⓐ의 색칠된 부분을 분수로 나타내면 $\frac{5}{13}$ 입니다.

③ 도형 ⓑ는 전체 삼각형 개수는 12개입니다. 색칠된 부분의 삼각형 개수는 4개입니다. 도형 ⓑ의 색칠된 부분을 분수로 나타내면 $\frac{4}{12}$ 입니다.

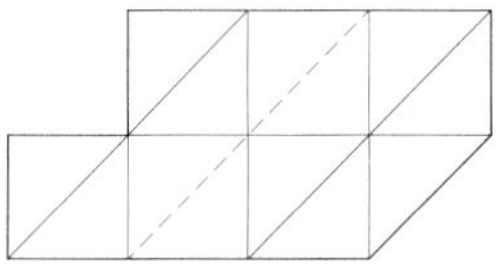

〈도형 ⓐ〉

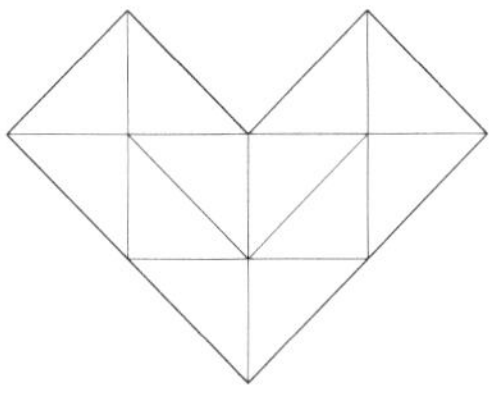

〈도형 ⓑ〉

연습문제 **05** ·· P. 53

[정답] 28

〈풀이 과정〉

① 〈그림〉과 같이 삼각형의 넓이가 2이므로 이 삼각형과 같은 모양으로 팔각형의 색칠된 부분을 덮습니다. 색칠된 부분의 삼각형은 총 14개입니다.

② 따라서 색칠된 부분의 넓이는 14 × 2 = 28입니다. (정답)

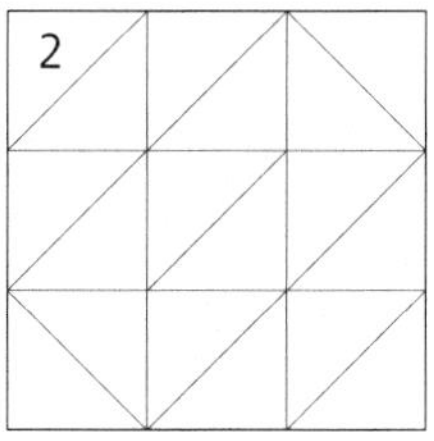

〈그림〉

연습문제 06 P. 53

[정답] 도형 ⓐ

<풀이 과정 1>

① 도형 ⓐ, ⓑ를 정사각형 모양으로 나눕니다. <그림>과 같이 정사각형이 아닌 삼각형 ㉠, ㉡, ㉢인 경우 두 개의 삼각형을 붙여서 정사각형으로 생각합니다.

② 도형 ⓐ는 정사각형이 4개이고 ㉡ 삼각형 6개입니다. 색칠된 칸의 개수는 (6 ÷ 2) × 2 + 4 = 10개입니다.

③ 도형 ⓑ는 정사각형이 4개이고 ㉠ 삼각형 4개와 ㉢ 삼각형이 2개입니다. 색칠된 칸의 개수는 (4 ÷ 2) + (2 ÷ 2) × 3 + 4 = 2 + 3 + 4 = 9개입니다.

④ 도형 ⓐ는 색칠된 칸의 개수가 10개이고 도형 ⓑ는 색칠된 칸의 개수가 9개이므로 도형 ⓐ가 더 넓습니다.

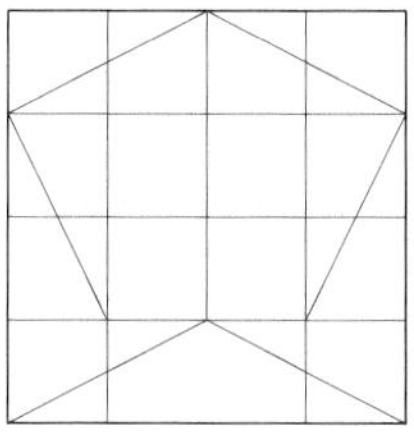
<도형 ⓐ>

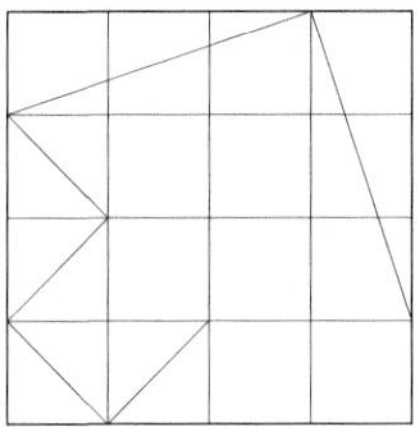
<도형 ⓑ>

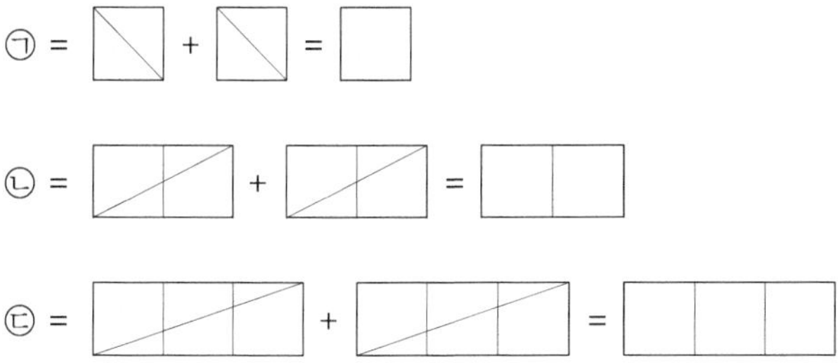
<그림>

연습문제 07 P. 54

[정답] 풀이 과정 참조

<풀이 과정>

① 주어진 칠교 조각의 각 넓이는 1, 1, 2, 2, 2, 4, 4입니다. 7개의 조각 중에 4조각을 선택하여 총넓이가 8이 되도록 하는 경우는 4 + 2 + 1 + 1 밖에 없습니다.

② 위에서 구한 대로 아래 <그림 1, 2, 3>과 같이 4조각으로 넓이가 8인 정사각형을 만들 수 있습니다. 이 외에도 같은 크기에 다른 색의 조각을 사용해도 됩니다.

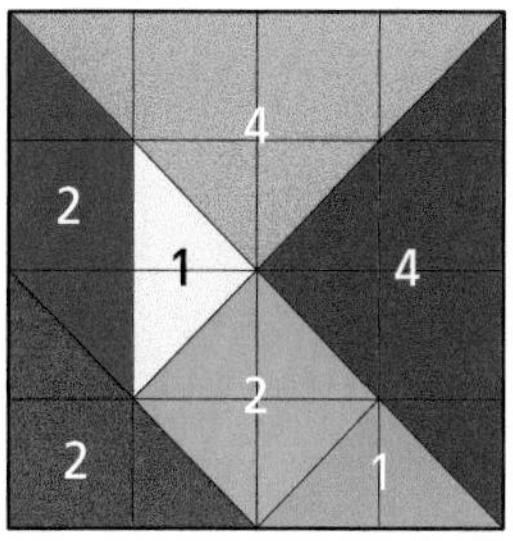

<칠교 조각의 넓이>

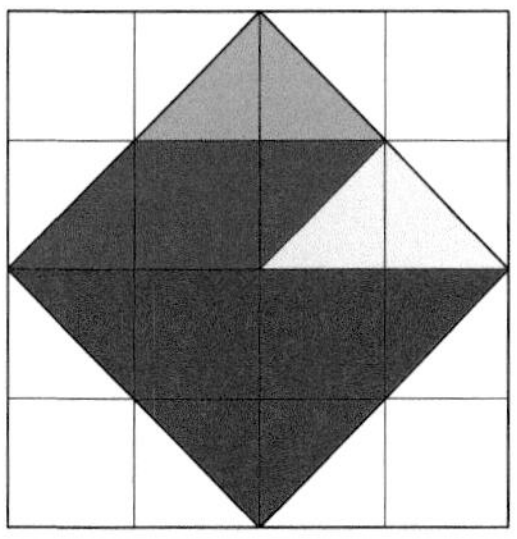
<그림 1>

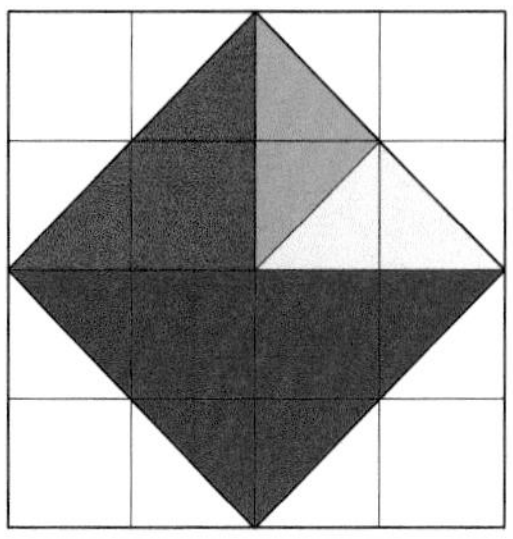
<그림 2>

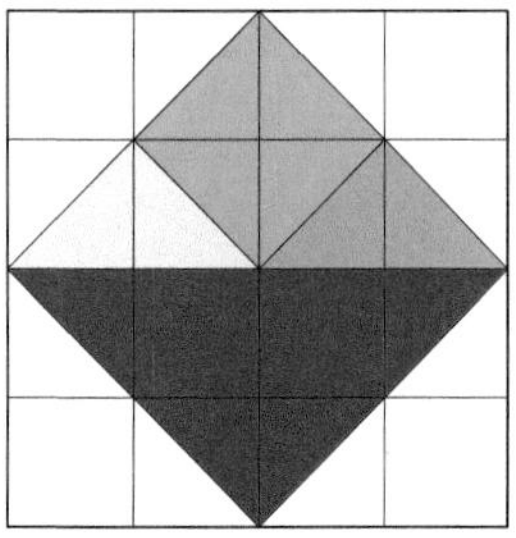
<그림 3>

연습문제 08 P. 54

[정답] 가장 많이 사용한 조각의 개수 = 22개,
가장 적게 사용한 조각의 개수 = 10개

<풀이 과정>

① 주어진 조각을 서로 비교하면 <그림>과 같이 삼각형 ㉡의 한 변은 각 조각의 변의 길이와 같습니다.

② 먼저 조각을 가장 적게 사용할 때는 가장 넓은 조각부터 덮습니다. <도형 1>과 같이 넓이가 가장 넓은 조각 ㉤ 2개를 덮습니다. 양쪽에는 반드시 조각 ㉠ 2개씩 덮어야 합니다. 그 후 나머지 빈틈에 조각 ㉡과 ㉢을 덮습니다. 총 10조각을 사용해 덮었습니다.

③ 조각을 가장 많이 사용할 때는 가장 좁은 조각부터 덮습니다. <그림 2>와 같이 넓이가 가장 좁은 조각 ㉡을 양쪽을 제외한 나머지 빈 곳에 덮습니다. 빈틈없이 총 22조각을 사용해 덮었습니다.

④ 따라서 가장 많이 사용한 조각의 개수는 22개이고 가장 적게 사용한 소삭의 개수는 10개입니다. (정답)

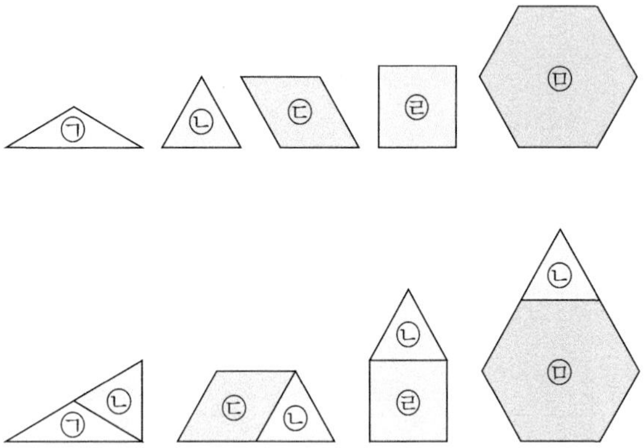

<그림>

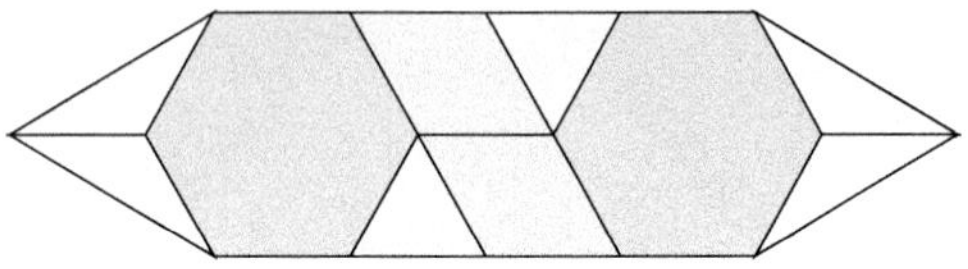

<도형 1>

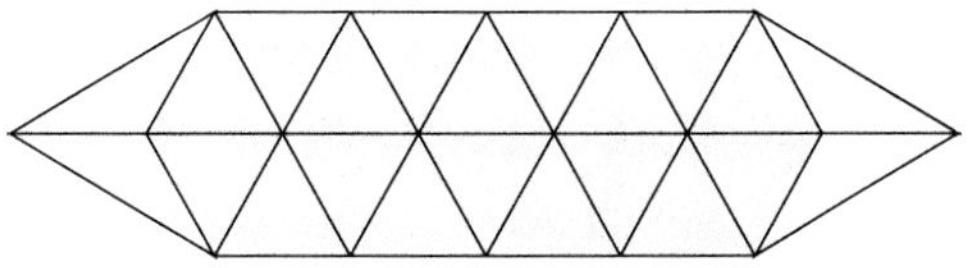

<도형 2>

연습문제 09 ······························ P. 55

[정답] 도형 ⓑ

<풀이 과정>

① 모눈 한 칸의 넓이가 1이므로 먼저 ㉦ 과 ㉣의 넓이는 1입니다. 모눈 칸이 2개인 ㉠, ㉢, ㉡의 넓이는 각각 2입니다. 나머지 ㉥, ㉤의 넓이는 각각 4입니다.

② 아래 <도형 ⓐ>, <도형 ⓑ>와 같이 넓이가 넓은 칠교 조각부터 덮은 다음 나머지 조각을 덮습니다. 도형 ⓐ는 칠교 조각 5개로 덮을 수 있고 넓이는 총 10입니다. 도형 ⓑ는 칠교 조각 5개로 덮을 수 있고 넓이는 총 11입니다.

③ 따라서 도형 ⓐ, ⓑ 중에 넓이가 더 넓은 것은 도형 ⓑ입니다. 두 도형 ⓐ, ⓑ를 칠교 조각으로 덮는 방법은 이 외에도 더 있습니다.

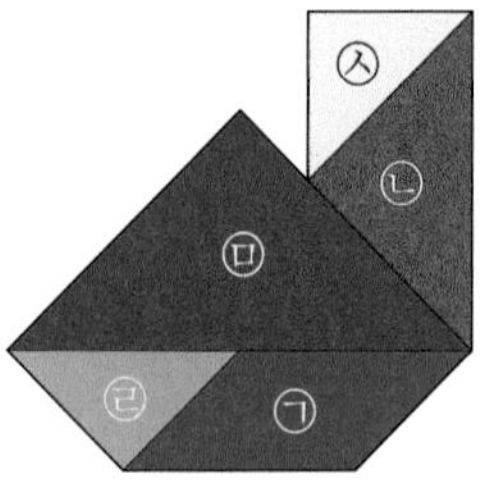

<도형 ⓐ>

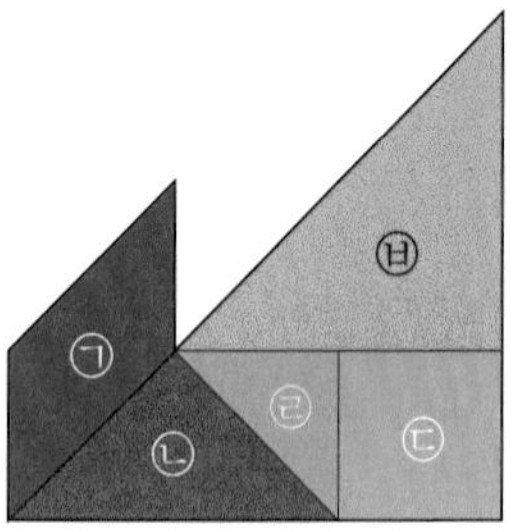

<도형 ⓑ>

연습문제 10 ······························ P. 55

[정답] 풀이 과정 참조

<풀이 과정>

① <그림>과 같이 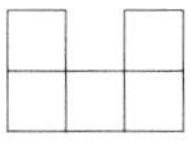 조각을 먼저 왼쪽에 덮은 다음 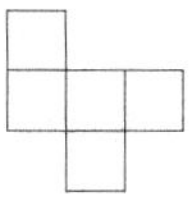 조각을 덮어 나머지 빈칸에 두 조각을 덮습니다.

② 따라서 <그림>과 같이 펜토미노 4조각을 모두 채울 수 있습니다.

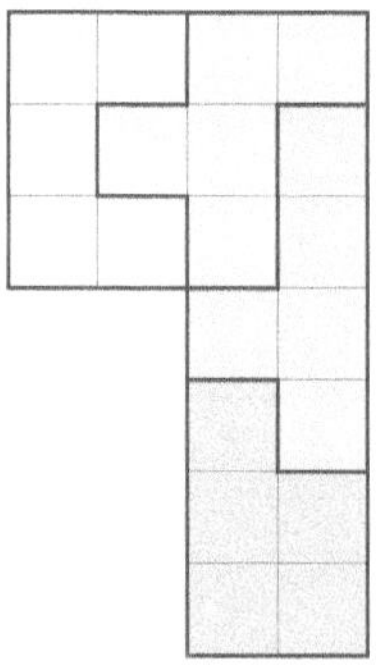

<그림>

심화문제 01 ······························ P. 56

[정답] 48

<풀이 과정>

① <그림>과 같이 가운데 육각형을 색칠한 부분의 삼각형과 같은 모양의 삼각형으로 덮습니다. 육각형 안에 삼각형은 13개입니다.

② 색칠한 부분의 넓이의 합이 9이므로 한 개 삼각형의 넓이는 9 ÷ 3 = 3입니다. 큰 정사각형의 넓이는 총 13 + 3 = 16개의 삼각형의 넓이를 합한 값입니다.

③ 따라서 가장 큰 정삼각형의 넓이는 16 × 3 = 48입니다. (정답)

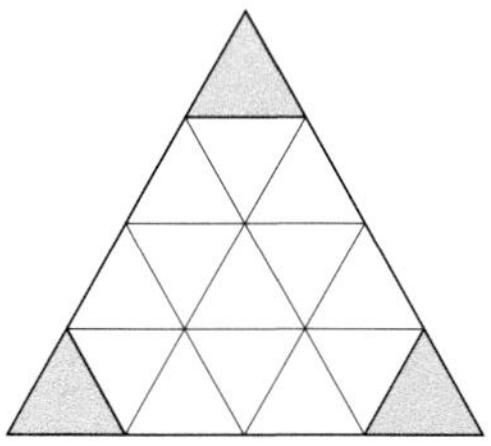

<그림>

심화문제 02 ······ P. 57

[정답] 풀이 과정 참조

<풀이 과정>

① 정사각형 한 칸의 넓이를 1이라고 했을 때, ㉠부터 ⓞ 조각까지의 각 넓이는 2, 3, 4, 5 중 하나이고 주어진 <도형>의 넓이는 21입니다.

② 5 + 5 + 4 + 4 + 3 = 21이므로 <그림 1, 2, 3>과 같이 5 조각으로 <도형>을 모두 덮을 수 있습니다.

③ 5 + 4 + 4 + 4 + 4 = 21이므로 <그림 4, 5>와 같이 5조각으로 <도형>을 모두 덮을 수 있습니다.

④ 따라서 가장 적은 조각의 개수인 5개로 <도형>을 빈틈없이 덮을 수 있습니다.

<그림 1>의 선택한 조각 : ㉣, ㉤, ㉥, ㉦, ⓞ.

<그림 2>의 선택한 조각 : ㉢, ㉣, ㉤, ㉥, ⓞ

<그림 3>의 선택한 조각 : ㉡, ㉢, ㉣, ㉥, ⓞ.

<그림 4>의 선택한 조각 : ㉡, ㉢, ㉣, ㉥, ㉦

<그림 5>의 선택한 조각 : ㉡, ㉢, ㉥, ㉦, ⓞ

이 외에도 선택한 조각이 다를 수 있습니다.

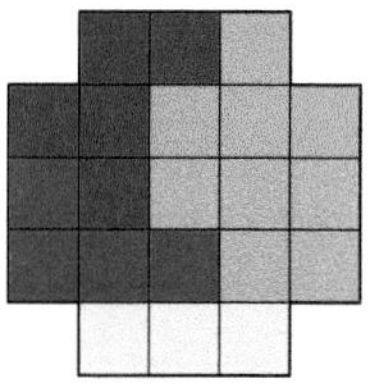

<그림 1>

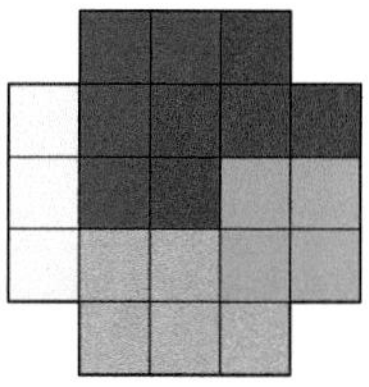

<그림 2>

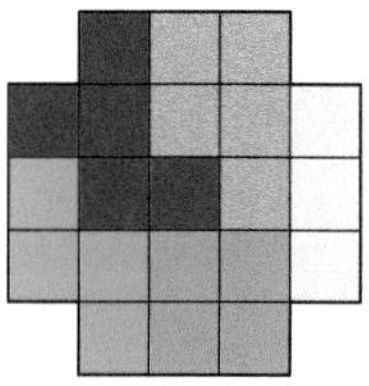

<그림 3>

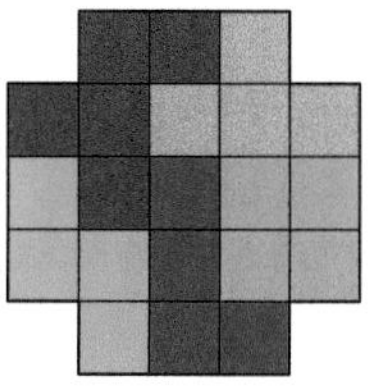

<그림 4>

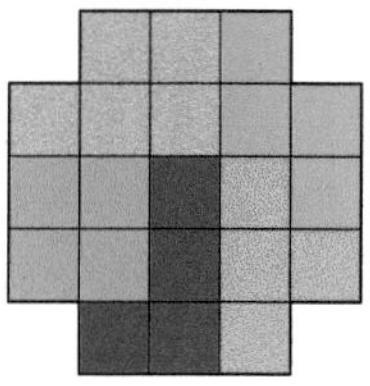

<그림 5>

심화문제 03 ······ P. 58

[정답] 9가지

<풀이 과정>

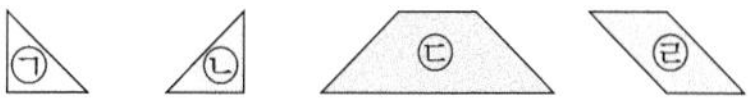

<그림>

① 위 <그림>과 같이 각 조각에 ㉠부터 ㉣까지 적고 아래와 같은 조합하여 사각형을 만듭니다.

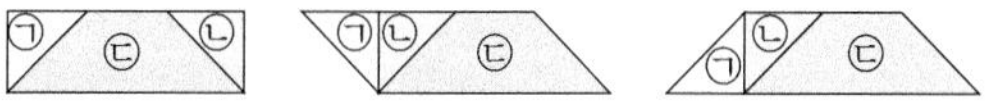

▲ ㉠, ㉡, ㉢ 조각을 사용하는 경우 ➡ 총 3가지

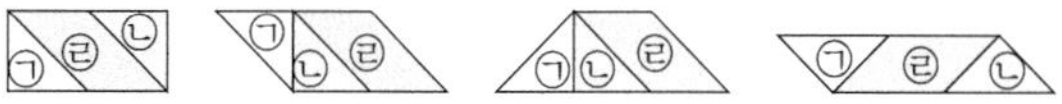

▲ ㉠, ㉡, ㉣ 조각을 사용하는 경우 ➡ 총 4가지

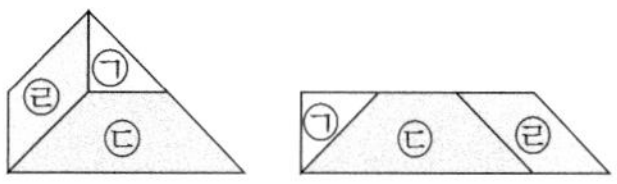

▲ ㉠, ㉢, ㉣ 조각을 사용하는 경우 ➡ 총 2가지

② 따라서 3개의 조각으로 만들 수 있는 사각형은 총 9가지입니다. (정답)

심화문제 04 ······ P. 59

[정답] 풀이 과정 참조

<풀이 과정>

<예시 정답>과 같이 12개의 헥시아몬드 조각을 모두 사용해 덮을 수 있습니다. 이 외에도 다른 방법으로 덮을 수 있습니다. 다양한 덮는 방법을 찾으세요.

<예시 정답>

창의적문제해결수학 01 ······ P. 60

[정답] 5가지

<풀이 과정>

① 모눈 한 칸의 넓이가 1이므로 삼각형의 넓이는 9입니다. 만들 수 있는 사각형은 1 × 9 = 3 × 3 = 9이어야 합니다.

② 따라서 <그림 1, 2, 3>과 같이 색칠된 삼각형을 1, 2, 3번씩 잘라내어 총 5가지 사각형을 만들 수 있습니다. (정답)

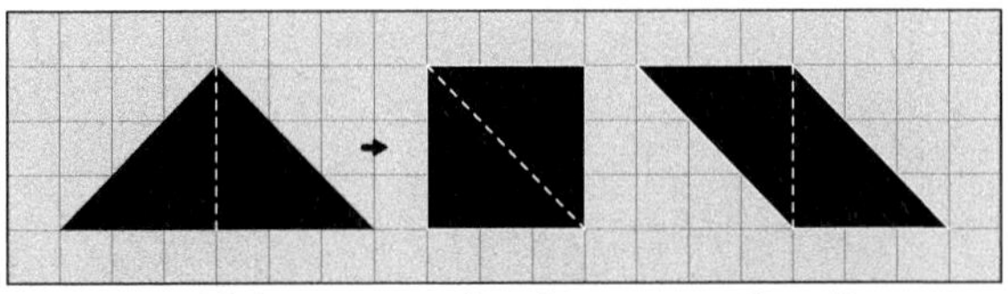

<그림 1> <3 × 3> <3 × 3>

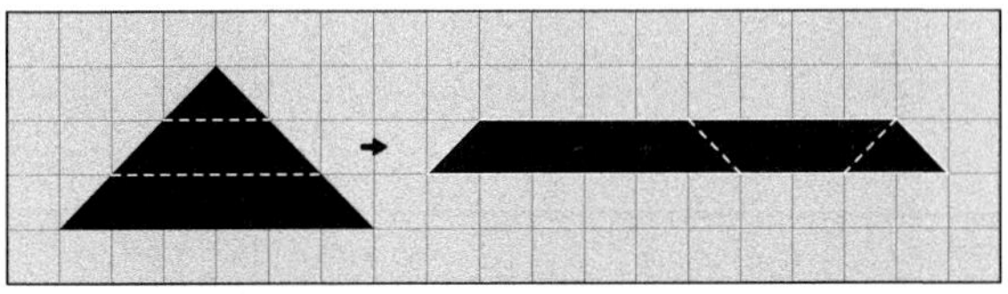

<그림 2> <1 × 9>

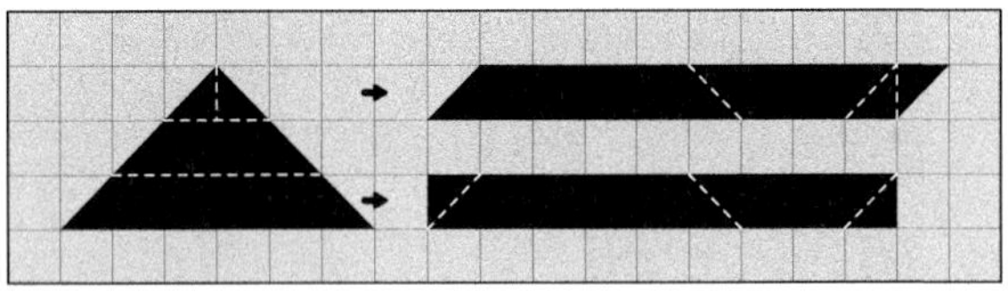

<그림 3> <1 × 9>

창의적문제해결수학 **02** P. 61

[정답] 풀이 과정 참조

<풀이 과정>

① 아래 <방법 1>은 정육각형을 육 등분한 다음, 다시 각 정삼각형을 이등분합니다. 정육각형은 12등분 되었습니다.

② 색칠해야 하는 부분이 $\frac{7}{12}$이므로 12등분 된 정육각형에서 7조각을 색칠합니다.

③ <방법 2>는 정육각형을 육 등분한 다음, 다시 각 정삼각형을 사 등분합니다. 정육각형은 24등분 되었습니다. 정육각형이 12등분 되어야 하므로 2개씩 정삼각형을 묶으면 빨간색 삼각형이 총 12개가 됩니다.

④ 따라서 색칠한 부분 24개의 삼각형 중에 14개를 색칠하면 $\frac{14}{24}$입니다. $\frac{14}{24}$는 $\frac{7}{12}$와 같습니다. 7개의 빨간색 사각형을 색칠하면 $\frac{7}{12}$이 됩니다.

⑤ <방법 1, 2> 중 다른 부분에 $\frac{7}{12}$만큼 색칠해도 정답입니다.

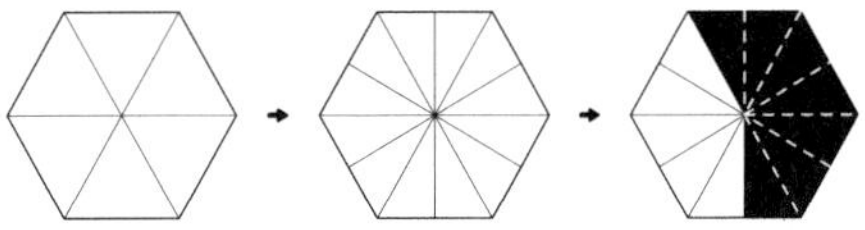

<방법 1>

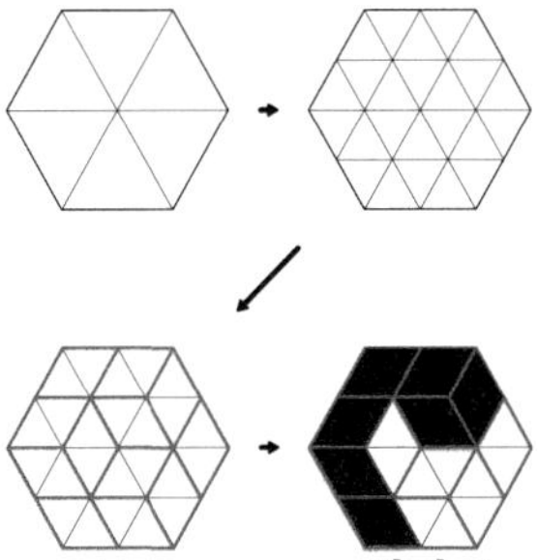

<방법 2>

4. 도형의 둘레

표지문제 P. 62

[정답] 별모양

<풀이 과정>

①

➜ 첫 번째 빵의 경우 길이가 6인 변이 네 개가 있으므로 바깥 둘레는 6 × 4 = 24입니다.

➜ 두 번째 빵의 경우 길이가 2인 변이 열 개가 있으므로 바깥 둘레는 2 × 10 = 20입니다.

➜ 세 번째 빵의 경우 길이가 7인 변이 세 개가 있으므로 바깥 둘레는 7 × 3 = 21입니다.

② 따라서 무우의 빵은 두 번째 별모양 빵입니다.

대표문제1 확인하기 .... P. 67

[정답] 80cm

<풀이 과정>

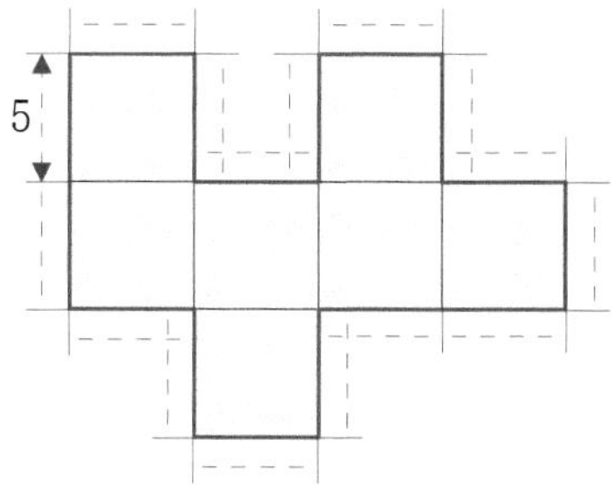

도형의 둘레에는 길이가 5cm인 변이 16개 있습니다.
따라서 도형의 둘레는 5 × 16 = 80cm입니다. (정답)

대표문제2 확인하기 1 .... P. 69

[정답] 36cm

<풀이 과정>

① 움푹 파인 부분의 변들을 원래대로 밀어 다시 직사각형을 만들면 아래 그림과 같습니다.

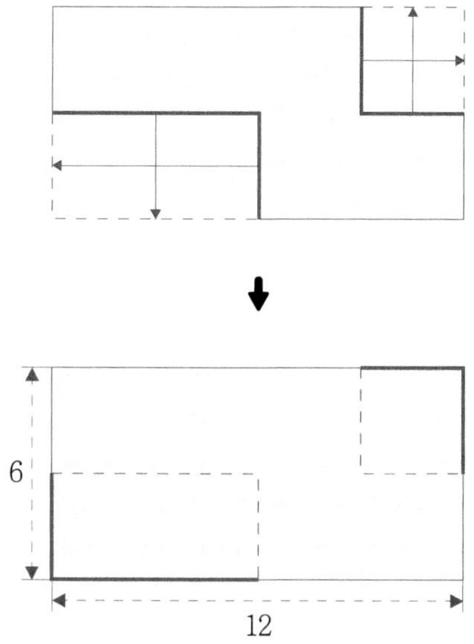

② 움푹 파인 부분을 원래대로 되돌리면 남는 변이 없이 직사각형이 만들어지므로 이 도형의 둘레는 가로의 길이가 12cm, 세로의 길이가 6cm인 직사각형의 둘레와 같습니다.
따라서 이 도형의 둘레는 (12 × 2) + (6 × 2) = 24 + 12 = 36cm입니다. (정답)

대표문제2 확인하기 2 .... P. 69

[정답] 48cm

<풀이 과정>

움푹 파인 부분들 중 되돌릴 수 있는 변은 되돌리고 남은 변은 굵은 선으로 표시하면 아래 그림과 같습니다.

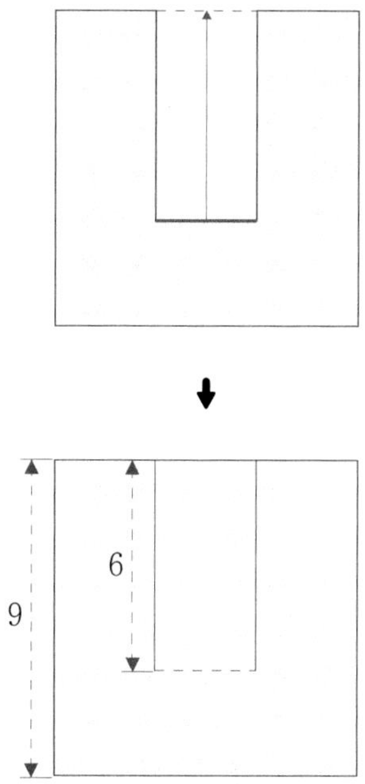

② 움푹 파인 부분을 원래대로 되돌리면 두 변이 남으므로 이 도형의 둘레는 정사각형의 둘레에 남은 두 변의 길이를 더한 것과 같습니다.
따라서 이 도형의 둘레는 (9 × 4) + (6 × 2) = 36 + 12 = 48cm입니다. (정답)

연습문제 01 .... P. 70

[정답] 60cm

<풀이 과정>

①

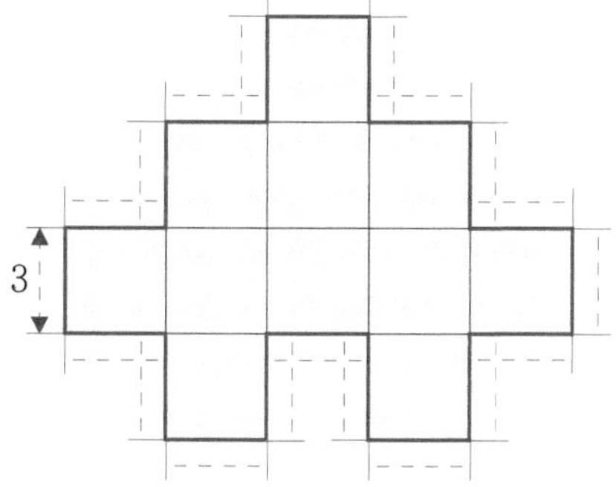

도형의 둘레에는 길이가 3cm인 변이 20개 있습니다.
따라서 도형의 둘레는 3 × 20 = 60cm입니다. (정답)

연습문제 02 .... P. 70

[정답] 52cm

<풀이 과정>

① 움푹 파인 부분들 중 되돌릴 수 있는 변은 되돌리고 남은 변을 굵은 선으로 표시하면 아래 그림과 같습니다.

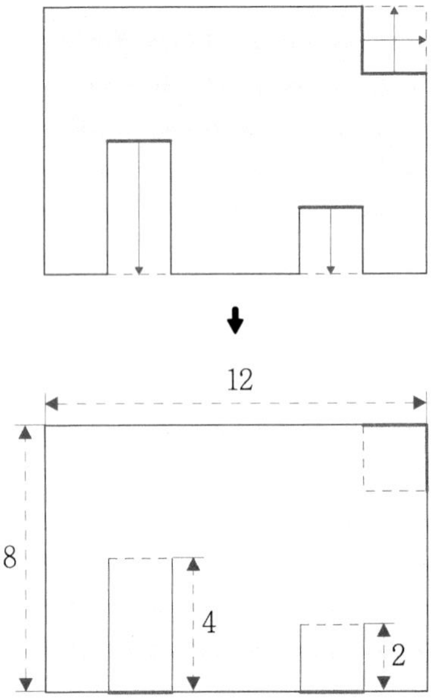

② 움푹 파인 부분을 원래대로 되돌리면 네 변이 남으므로 이 도형의 둘레는 가로의 길이가 12cm, 세로의 길이가 8cm인 직사각형의 둘레에 남은 네 변의 길이를 더한 것과 같습니다.

③ 따라서 이 도형의 둘레는

(12 × 2) + (8 × 2) + (4 × 2) + (2 × 2) = 52cm입니다. (정답)

연습문제 03 .... P. 70

[정답] 4cm

<풀이 과정>

① 도형의 둘레에 정사각형의 한 변에 해당하는 변이 몇 개가 있는지 세어줍니다.

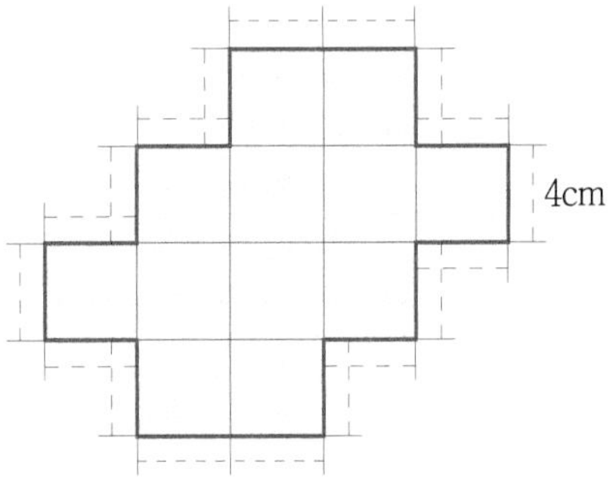

➡ 정사각형의 한 변에 해당하는 변이 18개 있습니다.

② 도형의 둘레는 72cm, 이는 정사각형의 한 변에 해당하는 길이가 18번 더해진 길이와 같습니다. 따라서 정사각형의 한 변의 길이는 72 ÷ 18 = 4cm입니다. (정답)

연습문제 04 .... P. 71

[정답] 60cm

<풀이 과정 1>

① 도형의 둘레에 정사각형의 한 변에 해당하는 변이 몇 개가 있는지 세어줍니다.

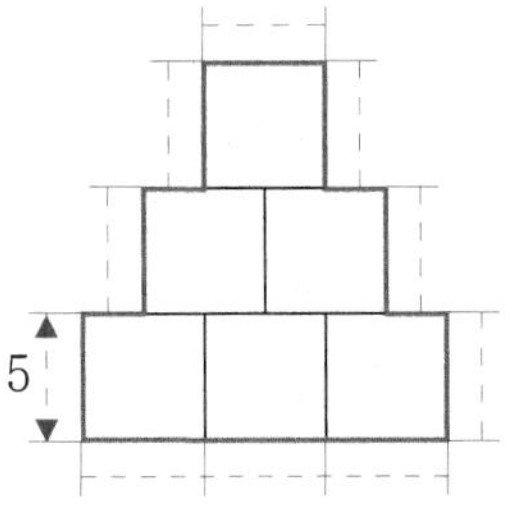

➡ 정사각형의 한 변에 해당하는 변이 10개 있습니다.

② 그 다음 남은 네 개의 변의 길이를 구합니다.

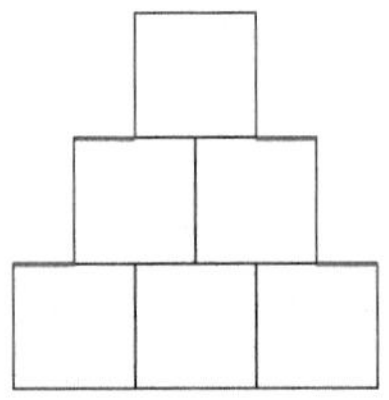

➡ 빨간색 짧은 변 4개의 길이는 정사각형 두 변의 길이와 같습니다.

③ 도형의 둘레에는 정사각형의 한 변에 해당하는 변이 10 + 2 = 12개가 있으므로
도형의 둘레는 5 × 12 = 60cm입니다. (정답)

<풀이 과정 2>

① 그림과 같이 도형을 한쪽으로 밀어서 풀이합니다

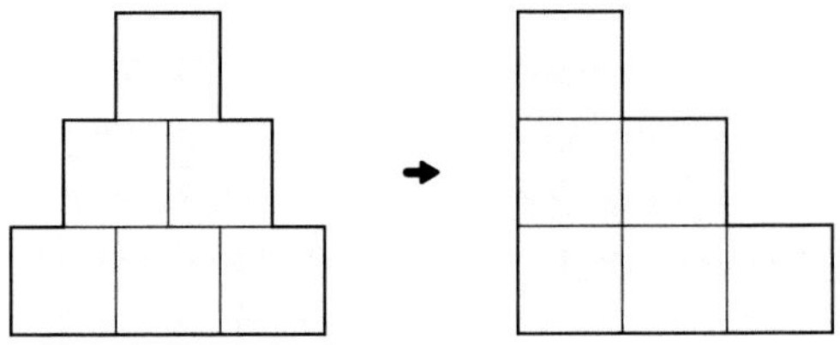

②

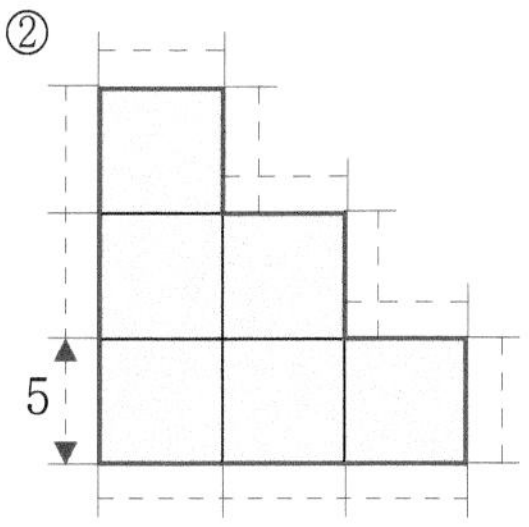

도형의 둘레에는 길이가 5cm인 변이 12개 있습니다.
따라서 도형의 둘레는 5 × 12 = 60cm입니다. (정답)

연습문제 05 .... P. 71

[정답] 40cm

<풀이 과정>

① 그림과 같이 도형을 한쪽으로 밀어서 풀이합니다.

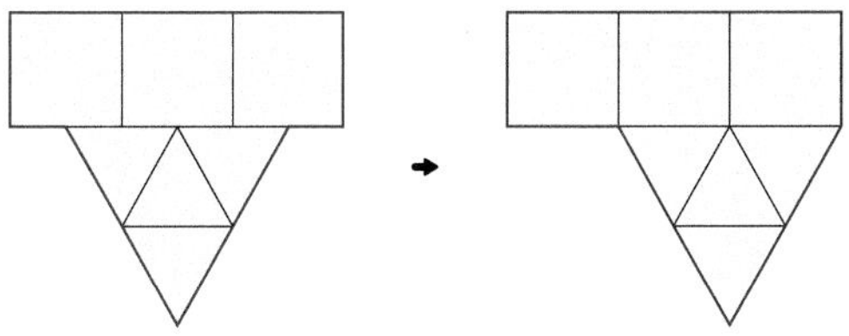

②

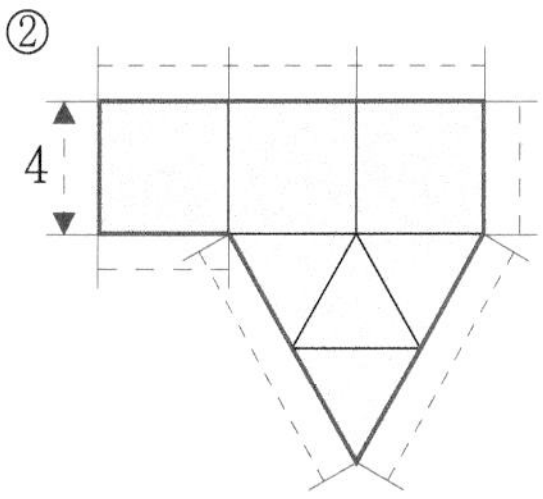

도형의 둘레에는 길이가 4cm인 변이 10개 있습니다.
따라서 도형의 둘레는 4 × 10 = 40cm입니다.(정답)

연습문제 06 .... P. 71

[정답] 40

<풀이 과정>

① 수영장의 움푹 파인 부분의 변들을 밀어 아래와 같이 직사각형 모양을 만들 수 있습니다.

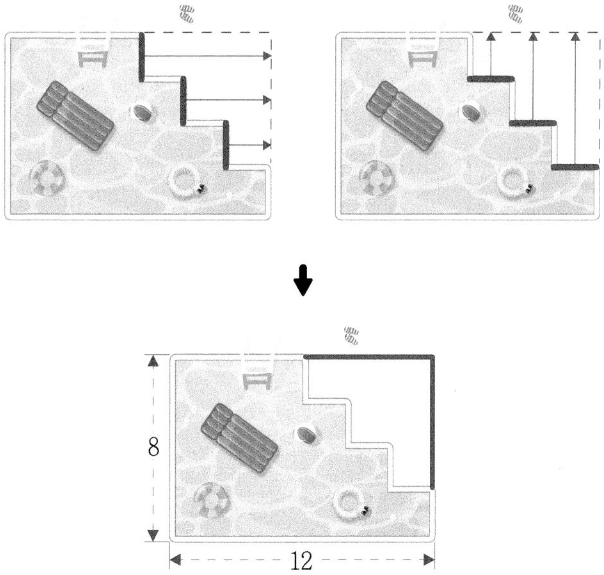

② 상상이네 집 마당에 있는 수영장의 둘레는 가로의 길이가 12, 세로의 길이가 8인 직사각형 모양 수영장의 둘레와 같습니다.
따라서 상상이네 집 마당에 있는 수영장의 둘레는
(12 × 2) + (8 × 2) = 40입니다. (정답)

연습문제 07 .... P. 72

[정답] 14cm

<풀이 과정>

① 하트 모양 두 개를 잘라내고 남은 색종이의 둘레를 둥근 부분은 파란색, 직선 부분은 빨간색 굵은 선으로 표시하면 그림과 같습니다. 빨간색으로 표시한 직선 부분의 둘레를 구합니다.

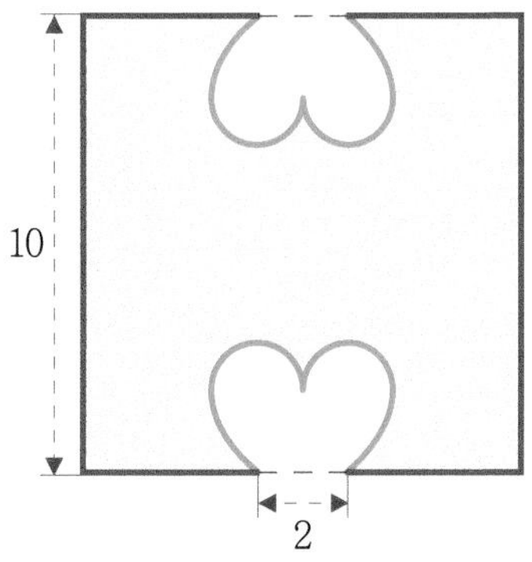

빨간색으로 표시한 직선 부분은 한 변의 길이가 10인 정사각형의 둘레에서 길이가 2cm인 변을 두 번 빼면 구할 수 있습니다.
따라서 직선 부분의 둘레는 총
(10 × 4) - (2 × 2) = 36cm입니다.

② 남은 색종이의 총 둘레 60cm에서 직선 부분의 둘레 36cm를 빼면 하트 두 개의 둥근 부분의 둘레를 알 수 있습니다.
하트 두 개의 둥근 부분의 둘레는 60 - 36 = 24cm입니다.

③ 하트 두 개의 둥근 부분의 둘레가 24cm이므로 하트 한 개의 둥근 부분의 둘레는 24 ÷ 2 = 12cm입니다.
따라서 하트 모양 한 개의 둘레는 12 + 2 = 14cm입니다. (정답)

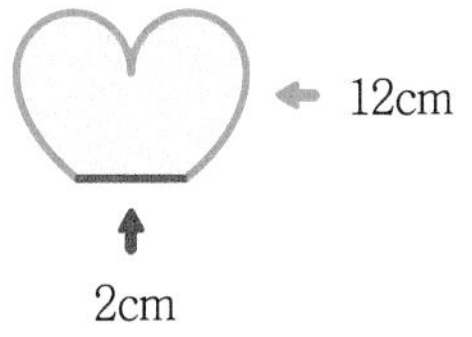

연습문제 08 .... P. 72

[정답] 변 ㄹㅁ

<풀이 과정>

① 움푹 파인 부분 중 되돌릴 수 있는 변은 되돌리고 남은 변을 선으로 표시하면 아래 그림과 같습니다.

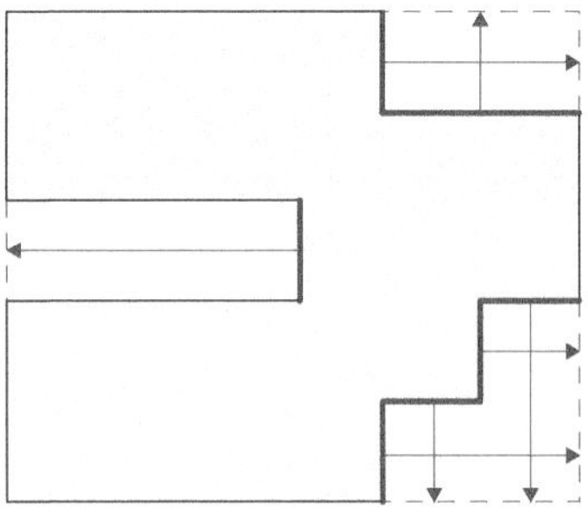

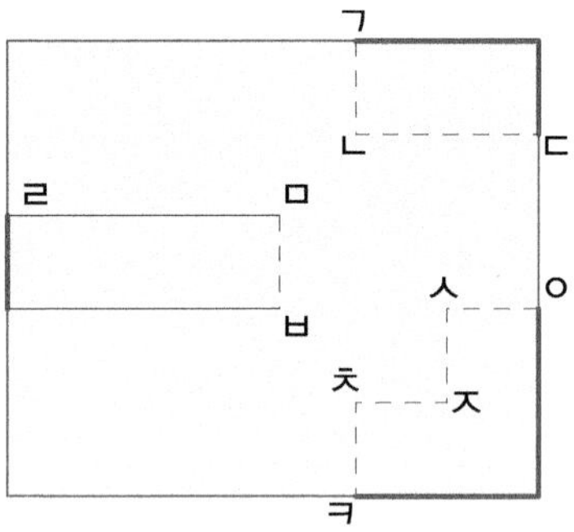

② 도형의 둘레를 구하기 위해선 직사각형의 가로와 세로의 길이 이외에도 검은색 굵은 선으로 표시한 남은 두 변의 길이를 알아야만 합니다.
따라서 반드시 길이를 알아야 하는 한 개의 변은 변 ㄹㅁ입니다. (정답)

연습문제 09 .... P. 73

[정답] 240cm

<풀이 과정>

① 작은 직사각형 한 개의 둘레를 구한 뒤 8배를 하는 방식으로 구합니다.

② 작은 직사각형의 세로의 길이는 20 ÷ 4 = 5cm입니다.
작은 직사각형의 가로의 길이는 20 ÷ 2 = 10cm입니다.
작은 직사각형 한 개의 둘레는
(5 × 2) + (10 × 2) = 30cm입니다.

③ 따라서 작은 직사각형 8개의 둘레의 합은
30 × 8 = 240cm입니다. (정답)

연습문제 10 .... P. 73

[정답] 5cm

<풀이 과정>

① 그림과 같이 도형을 한쪽으로 밀어서 풀이합니다.

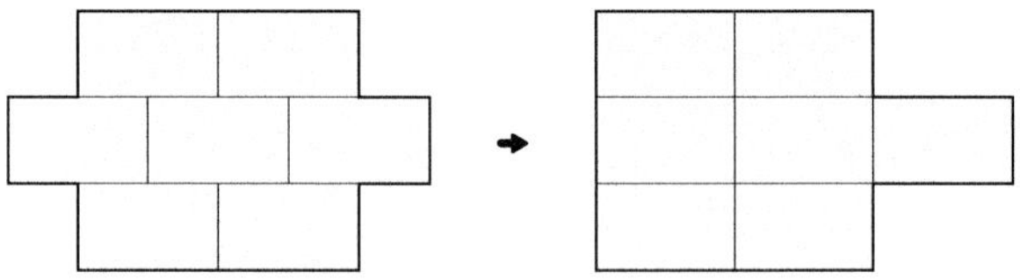

② 도형의 둘레에 작은 직사각형의 세로 또는 가로에 해당하는 변이 몇 개인지 각각 세어줍니다.

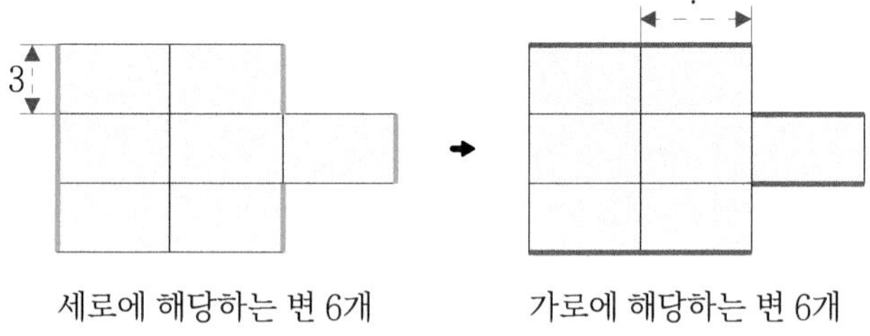

③ 도형의 둘레 48cm에서 세로에 해당하는 변 6개의 합 3 × 6 = 18cm를 빼면 가로에 해당하는 변 6개의 합 48 - 18 = 30cm를 구할 수 있습니다.

④ 따라서 직사각형 한 개의 가로의 길이는 30 ÷ 6 = 5cm입니다. (정답)

심화문제 01 ······ P. 74

[정답] 80cm

<풀이 과정>

① 몇 개의 변을 이동시키면 이 도형의 둘레는 정사각형 두 개의 둘레와 같습니다.

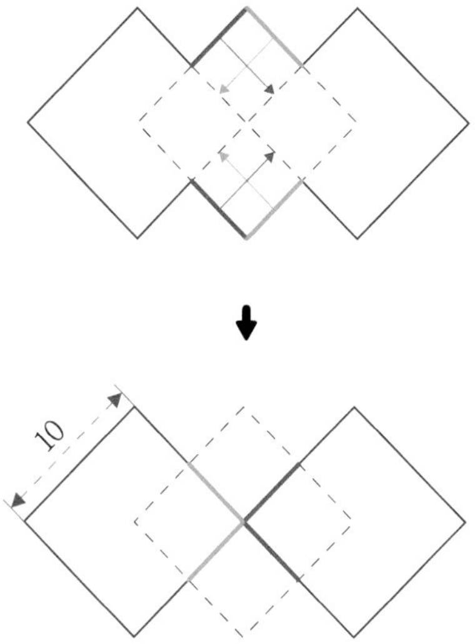

② 따라서 도형의 둘레는 (10 × 4) × 2 = 80cm입니다. (정답)

심화문제 02 ······ P. 75

[정답] 세가지

<풀이 과정>

① 둘레가 가장 긴 경우와 가장 짧은 경우를 찾습니다.

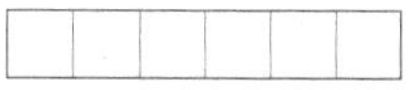

→ 둘레가 가장 긴 경우는 둘레가 14인 경우입니다.

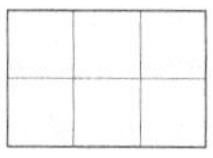

→ 둘레가 가장 짧은 경우는 둘레가 10인 경우입니다.

② 둘레가 가장 짧은 경우에서 정사각형의 위치를 바꿀 때마다 둘레의 길이가 2 또는 4만큼 늘어나게 됩니다. 따라서 정사각형 6개로 만든 도형의 둘레로 가능한 값은 10, 12, 14 세 가지입니다. (정답)

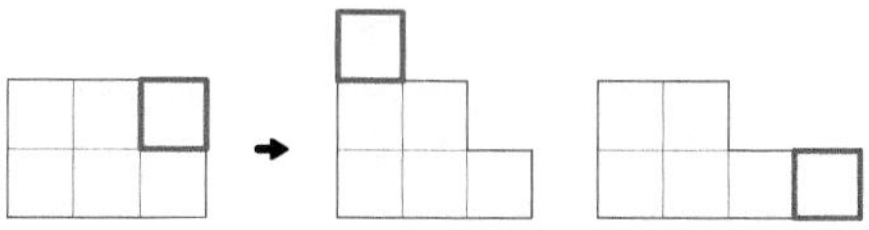

둘레가 12인 경우의 예

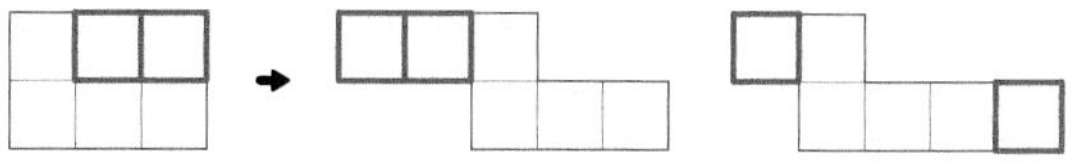

둘레가 14인 경우의 예

심화문제 03 ······ P. 76

[정답] 풀이 과정 참조

<풀이 과정>

① 아래 두 가지 그림처럼 이등분할 경우 초콜릿 한 조각의 둘레는 18로 최대가 될 수 있습니다.

i)

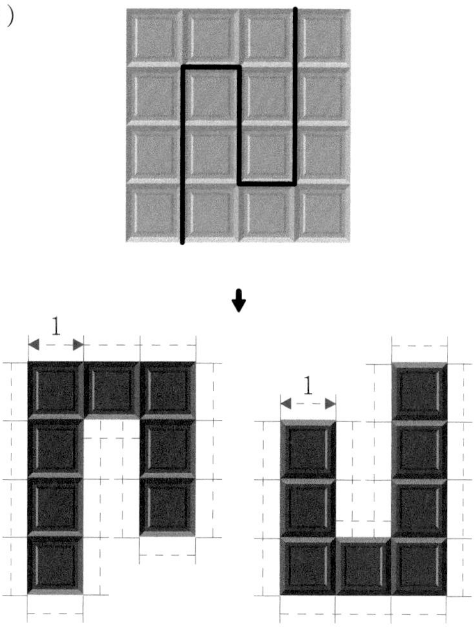

ii)

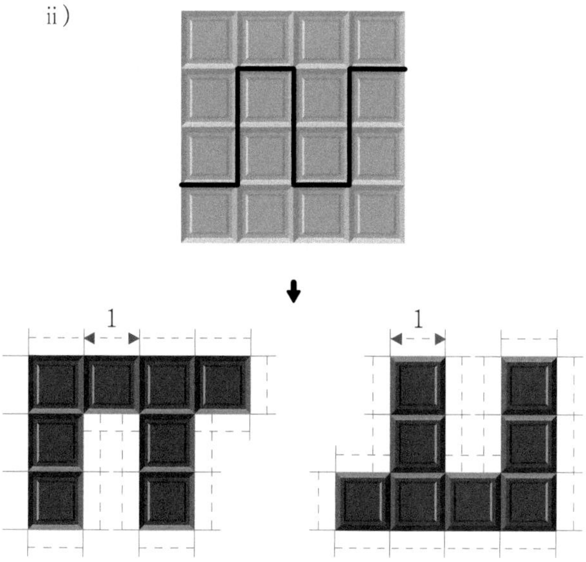

심화문제 04 P. 77

[정답] 162cm

<풀이 과정>

① 꽃 한 송이의 둘레를 빨간색 굵은 선으로 표시하면 아래와 같습니다.

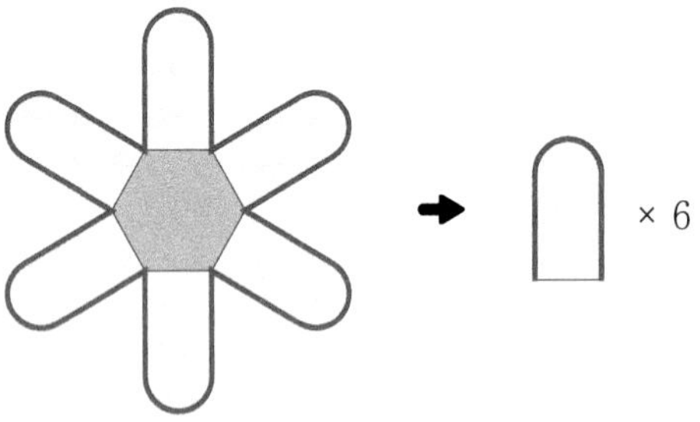

꽃잎 한 장의 빨간 부분 둘레를 구한 뒤 6배 해주는 방식으로 구합니다.

② 꽃의 가운데 부분의 둘레가 48cm이므로 꽃잎 한 장의 가운데 부분의 길이는 48 ÷ 6 = 8cm입니다.
꽃잎 한 장의 둘레가 35cm라고 했으므로 꽃잎 한 장의 빨간 부분의 둘레는 35 - 8 = 27cm입니다.

③ 따라서 꽃 한 송이의 둘레는 27 × 6 = 162cm입니다. (정답)

창의적문제해결수학 01 P. 78

[정답] 무우

<풀이 과정>

① 무우와 상상이가 제안한 출발지에서 목적지까지 가는 길의 거리를 비교해 봅니다.

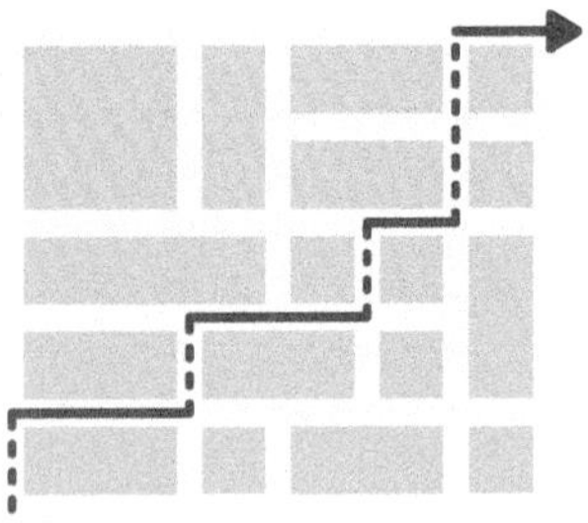

<무우의 제안>

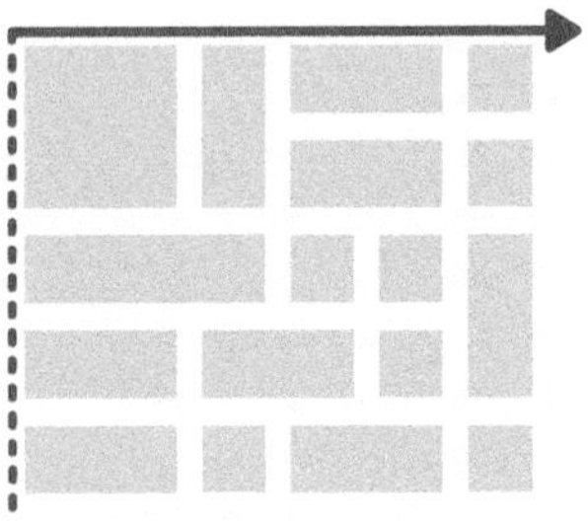

<상상이의 제안>

무우와 상상이가 제안한 길을 세로 방향과 가로 방향으로 나누어 각각 비교해보면 결국 둘이 제안한 길의 거리가 같습니다.

② 그 다음 무우와 상상이가 제안한 목적지에서 출발지까지 돌아오는 길의 거리를 서로 비교해봅니다.

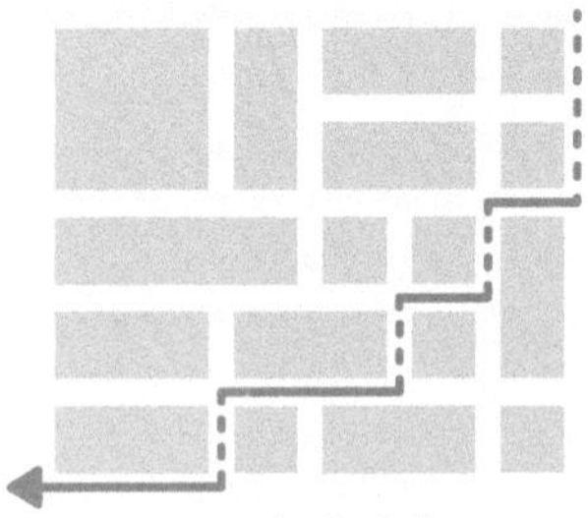

<무우의 제안>

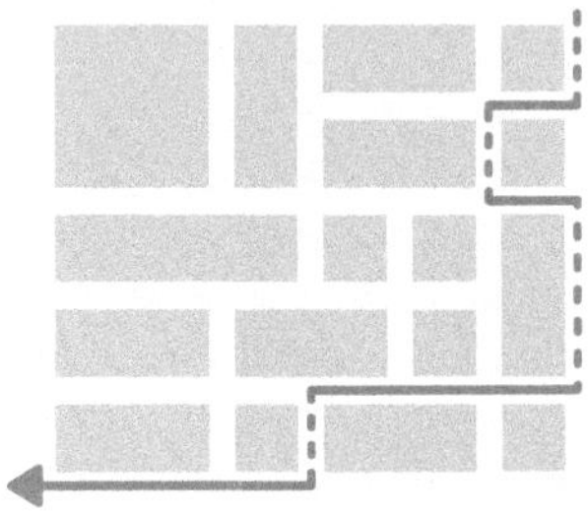

<상상이의 제안>

무우와 상상이가 제안한 길을 세로 방향과 가로 방향으로 나누어 비교해보면 상상이가 제안한 길의 거리가 더 깁니다.

③ 출발지에서 목적지까지 가는 거리는 둘이 같고, 목적지에서 출발지까지 돌아오는 거리는 무우가 제안한 길이 더 짧으므로 무우의 제안대로 다녀오는 것이 더 빠른 방법입니다. (정답)

창의적문제해결수학 02 P. 79

[정답] 132

<풀이 과정>

① 아래와 같이 몇 개의 변을 이동시키면 둘레를 좀 더 쉽게 구할 수 있습니다.

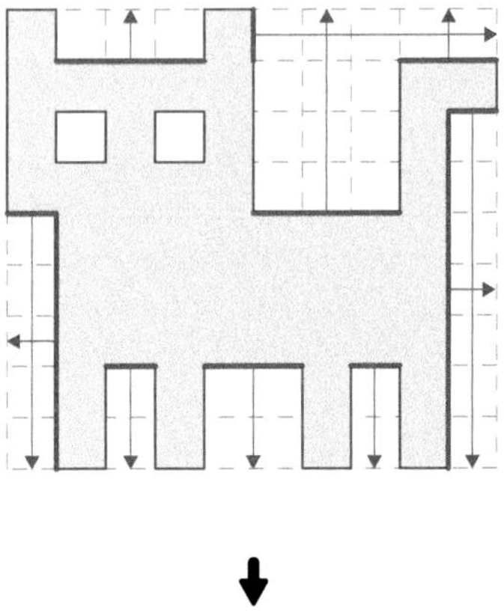

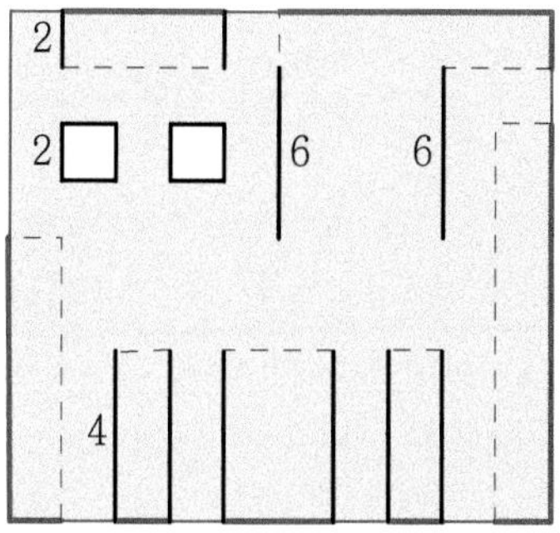

② 가로가 20, 세로가 18인 직사각형의 둘레와 위 그림에 남은 변들의 길이를 모두 합하여 둘레를 구합니다. 고양이의 눈에 해당하는 두 개의 정사각형도 둘레에 포함되는 것에 유의합니다.

(예) 안쪽이 뚫린 도형의 경우

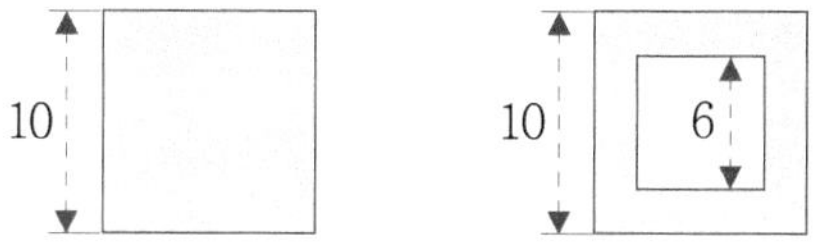

$10 \times 4 = 40$　　$(10 \times 4) + (6 \times 4) = 64$

일반적인 도형과 달리 위 도형처럼 안쪽이 뚫린 도형은 겉에 큰 정사각형의 둘레와 안쪽에 작은 정사각형의 둘레를 합하여 총둘레를 구합니다.

③ 따라서 고양이 그림의 둘레는 직사각형의 둘레 76과 남은 변들의 합 56을 더한 $76 + 56 = 132$입니다.

5. 원

대표문제1 확인하기 1 .... P. 85

[정답] 20cm

<풀이 과정>

① 세 개의 작은 원 위에 원의 중심과 지름을 표시하면 아래 그림과 같습니다.

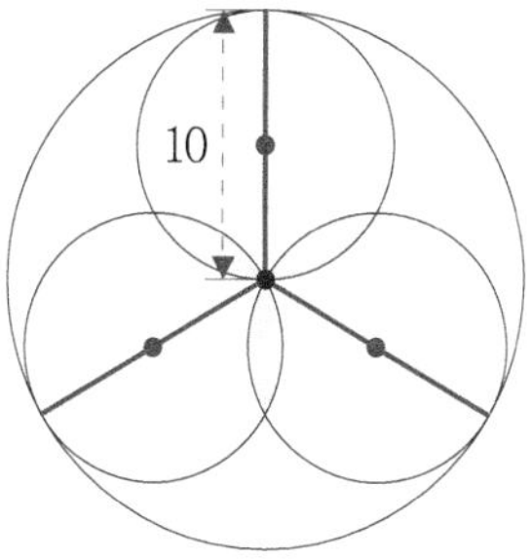

큰 원의 반지름은 작은 원의 지름과 같습니다.

② 작은 원의 지름은 반지름의 두 배인 $5 \times 2 = 10$cm입니다. 따라서 큰 원의 반지름은 10cm이고, 큰 원의 지름은 $10 \times 2 = 20$cm입니다. (정답)

대표문제1 확인하기 2 .... P. 85

[정답] 2cm

<풀이 과정>

① 작은 원의 지름은 큰 원의 반지름과 같습니다.
큰 원의 지름이 8cm이므로 작은 원의 지름은 $8 \div 2 = 4$cm입니다.

② 따라서 작은 원의 반지름은 $4 \div 2 = 2$cm입니다. (정답)

대표문제2 확인하기 1 .... P. 87

[정답] 168cm

<풀이 과정>

① 도형의 둘레에 원의 지름에 해당하는 선분이 몇 개 있는지 세어 줍니다.

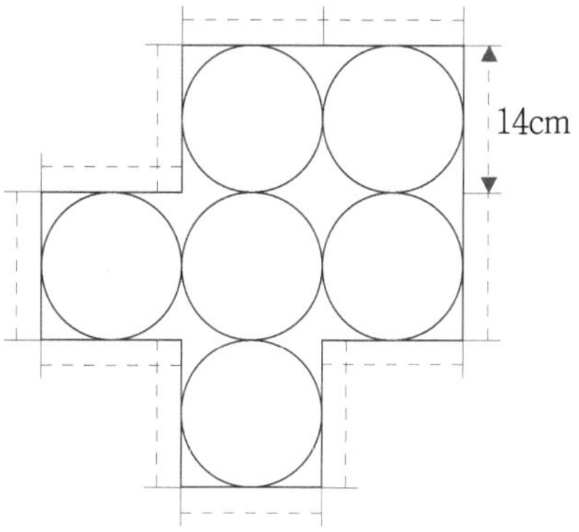

➡ 지름에 해당하는 선분이 12개 있습니다.

② 반지름이 7cm이므로 지름은 7 × 2 = 14cm입니다.
따라서 도형의 둘레는 14 × 12 = 168cm입니다. (정답)

대표문제 2 확인하기 2 ············ P. 87

[정답] 24cm

〈풀이 과정〉

① 아래 그림과 같이 삼각형의 둘레를 세 원의 반지름으로 표시할 수 있습니다.

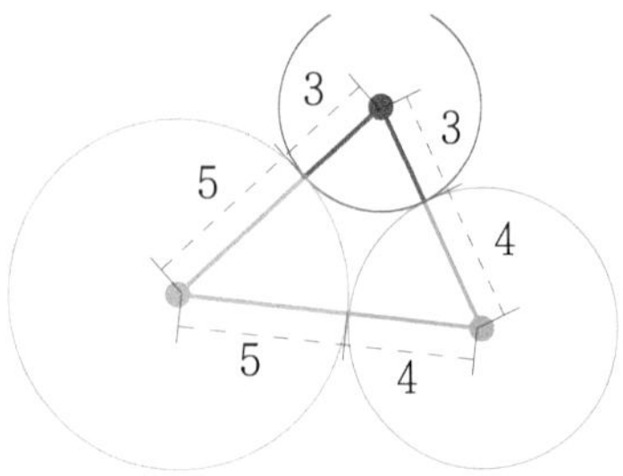

➡ 세 원의 반지름을 두 번씩 더하면 삼각형의 둘레를 구할 수 있습니다.

② 반지름이 두 번 더해진 것은 지름과 같으므로 세 원의 지름을 한 번씩 더해서 삼각형의 둘레를 구합니다. 따라서 삼각형의 둘레는 세 원의 지름의 합과 같은 10 + 8 + 6 = 24cm입니다.

연습문제 01 ············ P. 88

[정답] 16cm

〈풀이 과정〉

① 선분 ㄱㄴ에 원의 반지름에 해당하는 선분이 몇 개 있는지 세어 줍니다.

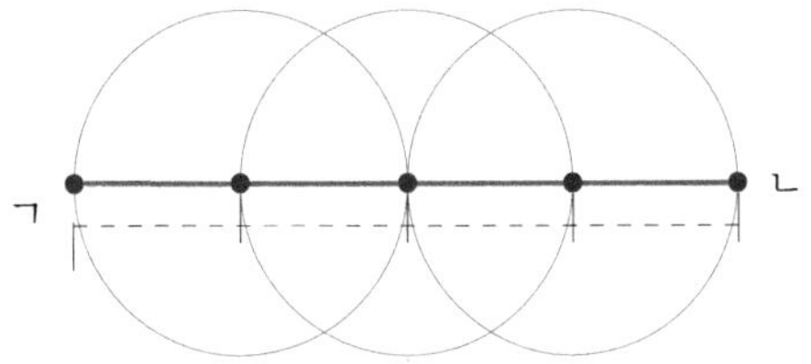

➡ 반지름에 해당하는 선분이 4개 있습니다.

② 지름이 8cm이므로 반지름은 8 ÷ 2 = 4cm입니다.
따라서 선분 ㄱㄴ의 길이는 4 × 4 = 16cm입니다. (정답)

연습문제 02 ············ P. 88

[정답] 20cm

〈풀이 과정〉

① 아래 그림과 같이 사각형의 둘레를 두 원의 반지름으로 표시할 수 있습니다.

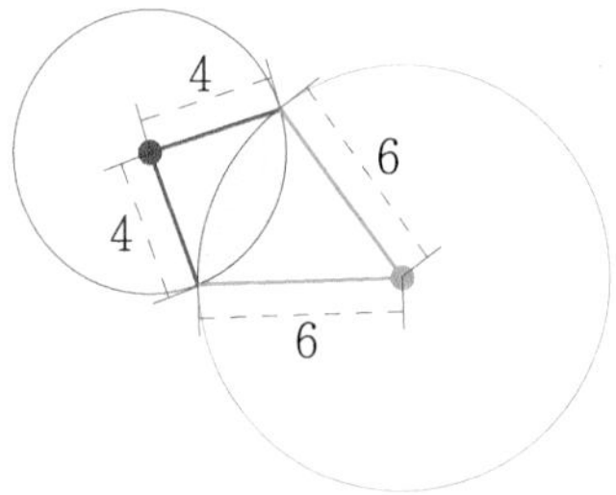

➡ 두 원의 반지름을 두 번씩 더하면 사각형의 둘레를 구할 수 있습니다.

② 반지름이 두 번 더해진 것은 지름과 같으므로 두 원의 지름을 한 번씩 더해서 사각형의 둘레를 구합니다. 작은 원의 지름은 4 × 2 = 8cm, 큰 원의 지름은 6 × 2 = 12cm입니다.
따라서 사각형의 둘레는 8 + 12 = 20cm입니다. (정답)

연습문제 03 ············ P. 88

[정답] 3cm

〈풀이 과정〉

① 도형의 둘레에 원의 지름에 해당하는 선분이 몇 개 있는지 세어 줍니다.

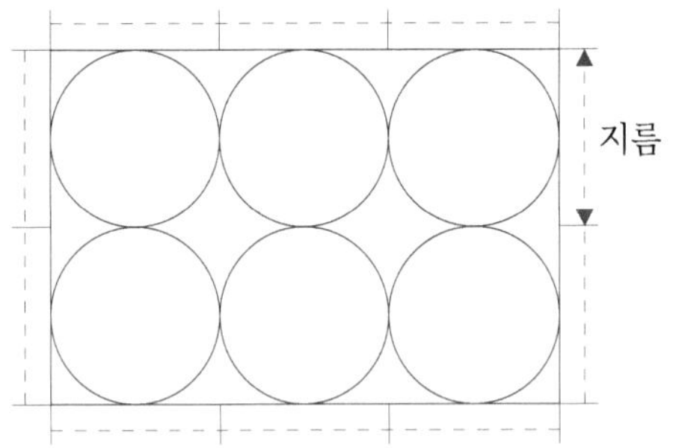

➡ 지름에 해당하는 선분이 10개 있습니다.

② 직사각형의 둘레를 원의 지름에 해당하는 선분의 개수인 10으로 나누면 원 한 개의 지름을 알 수 있습니다. 원 한 개의 지름이 60 ÷ 10 = 6cm이므로 원의 반지름은 6 ÷ 2 = 3cm입니다. (정답)

연습문제 04 ············ P. 89

[정답] 7cm

〈풀이 과정〉

① 선분 ㄱㄴ의 길이는 빨간색으로 표시한 큰 원의 반지름에서 파란색으로 표시한 작은 원의 반지름을 빼면 구할 수 있습니다.

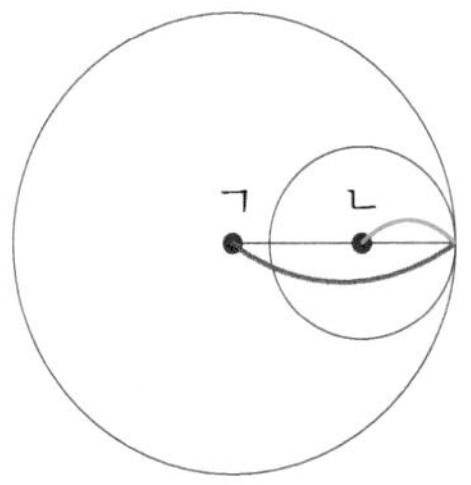

② 큰 원의 반지름은 12cm, 작은 원의 반지름은 10 ÷ 2 = 5cm입니다.
따라서 선분 ㄱㄴ의 길이는 12 - 5 = 7cm입니다. (정답)

연습문제 05 ········· P. 89

[정답] 8cm

<풀이 과정>

① 삼각형의 둘레는 원의 반지름에 해당하는 선분 두 개와 6cm 선분 한 개를 더해 구할 수 있습니다.

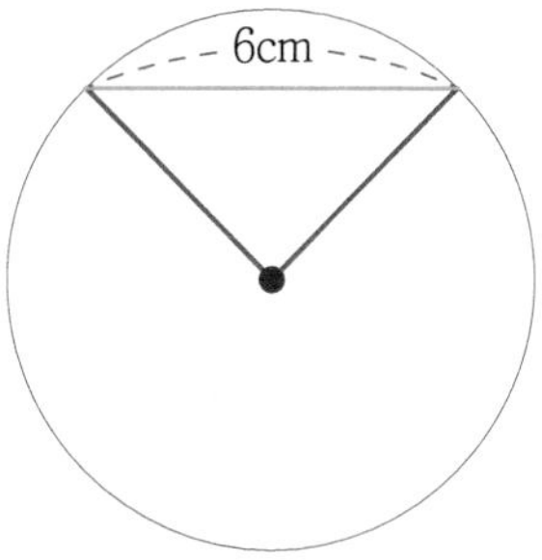

② 삼각형의 둘레 14cm에서 6cm을 빼면 두 반지름의 합을 알 수 있습니다.
반지름을 두 번 합한 값은 지름과 같으므로 원의 지름은 14 - 6 = 8cm입니다. (정답)

연습문제 06 ········· P. 89

[정답] 10개

<풀이 과정>

① 직사각형의 가로와 세로에 각각 최대 몇 개의 원이 들어갈 수 있을지 세어 줍니다.
원의 반지름이 2cm라고 했으므로 원의 지름은 4cm입니다. 8cm인 세로 줄에는 최대 2개의 원이, 20cm인 가로 줄에는 최대 5개의 원이 들어갈 수 있습니다.

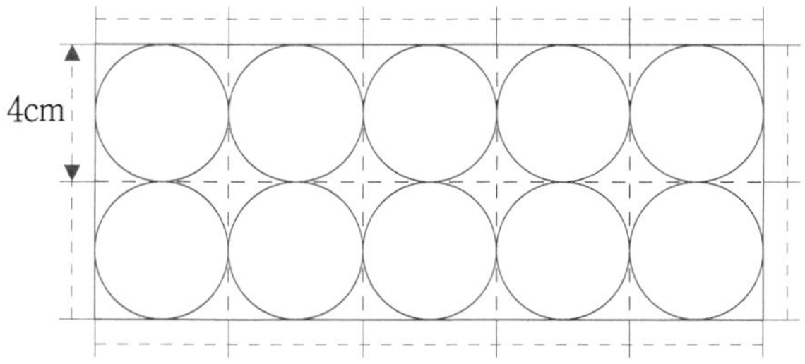

➡ 세로 2줄, 가로 5줄 총 2 × 5 = 10개의 원을 그릴 수 있습니다.

② 따라서 직사각형 안에 그릴 수 있는 원의 최대 개수는 10개입니다. (정답)

연습문제 07 ········· P. 90

[정답] 48cm

<풀이 과정>

① 각 번째 삼각형의 둘레에 원의 지름에 해당하는 선분이 몇 개씩 있는지 세어 줍니다.

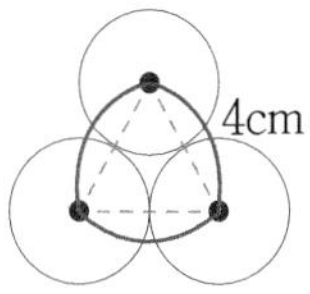

첫 번째 3개
둘레 12cm

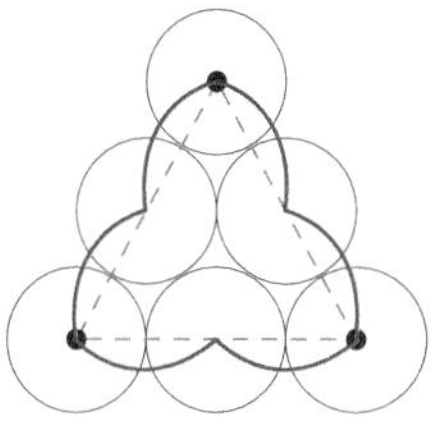

두 번째 6개
둘레 24cm

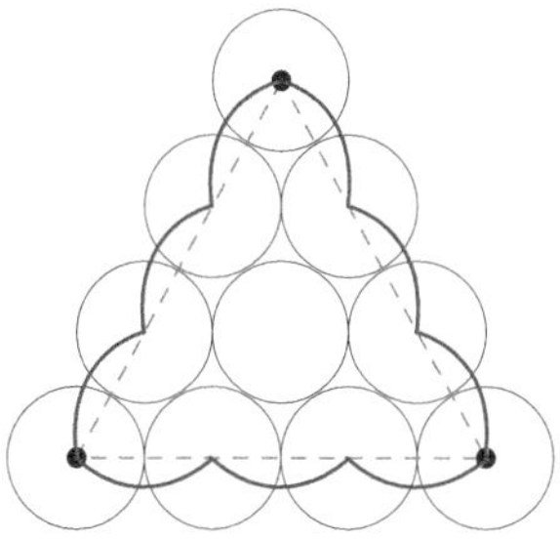

세 번째 9개
둘레 36cm

⋮

② 원의 반지름이 2cm이므로 원의 지름은 2 × 2 = 4cm입니다. 이것을 이용해 각 번째 삼각형의 둘레를 구할 수 있습니다.
첫 번째 삼각형의 둘레 : 4 × 3 = 12cm
두 번째 삼각형의 둘레 : 4 × 6 = 24cm
세 번째 삼각형의 둘레 : 4 × 9 = 36cm

③ 다음 번째로 갈수록 원의 지름에 해당하는 선분의 개수는 3개씩 증가하고, 둘레는 12cm씩 늘어납니다.
따라서 네 번째 그림에서 만들 수 있는 삼각형의 둘레는 4 × 12 = 48cm입니다. (정답)

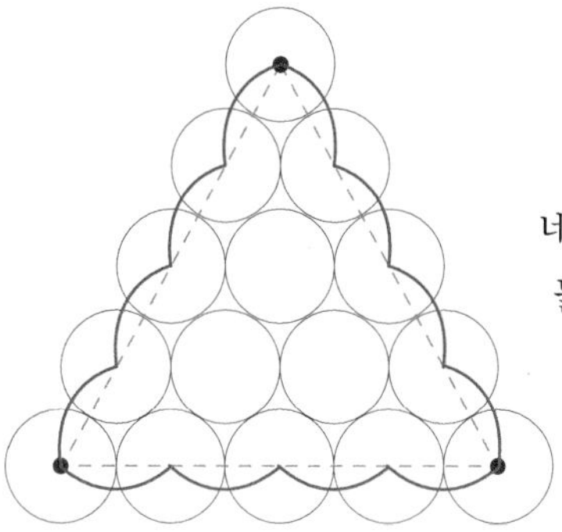

네 번째 12개
둘레 48cm

연습문제 08 .... P. 90

[정답] 9cm

<풀이 과정>

① 선분 ㄱㄴ의 길이는 빨간색 원의 지름 16cm에서 파란색과 노란색 원의 반지름을 모두 빼면 구할 수 있습니다.

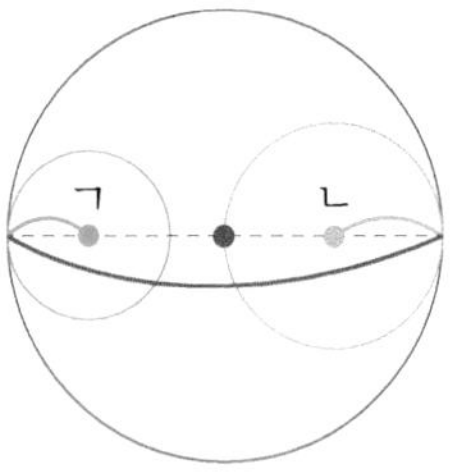

② 노란색 원의 지름은 빨간색 원의 반지름과 같습니다. 노란색 원의 지름은 16 ÷ 2 = 8cm, 반지름은 8 ÷ 2 = 4cm입니다.
파란색 원의 반지름은 6 ÷ 2 = 3cm입니다.

③ 따라서 선분 ㄱㄴ의 길이는 16 - 4 - 3 = 9cm입니다. (정답)

연습문제 09 .... P. 91

[정답] 44cm

<풀이 과정>

① 원이 한 개만 있을 때, 원을 두 개 또는 세 개 이어 붙였을 때, 선분 ㄱㄴ에 원의 반지름 4cm에 해당하는 선분이 몇 개 있는지 세어 줍니다.

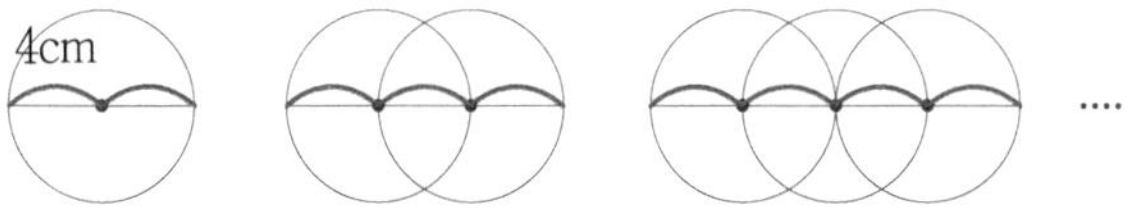

원 1개 / 선분 2개 — 원 2개 / 선분 3개 — 원 3개 / 선분 4개

② 원의 반지름에 해당하는 선분의 개수는 원의 개수보다 항상 한 개가 더 많습니다. 원의 개수가 10개일 때 선분 ㄱㄴ에는 반지름에 해당하는 선분이 11개가 있습니다.
원의 반지름이 8 ÷ 2 = 4cm이므로 선분 ㄱㄴ의 길이는 4 × 11 = 44cm입니다. (정답)

연습문제 10 .... P. 91

[정답] 7cm

<풀이 과정 1>

① 가장 작은 반원을 첫 번째 반원이라 하고 각 번째 반원의 지름을 구합니다.
첫 번째 반원의 지름 : 4cm
두 번째 반원의 지름 : 4 + 2 = 6cm
세 번째 반원의 지름 : 4 + 2 + 2 = 8cm
… (정답)

② 두 번째 반원의 지름은 4cm에 2cm가 한 번, 세 번째 반원의 지름은 2cm가 두 번 더해집니다. 가장 큰 반원인 여섯 번째 반원의 지름은 4cm에 2cm가 다섯 번 더해집니다.

③ 따라서 가장 큰 반원의 지름은 4 + (2 × 5) = 14cm이며 반지름은 14 ÷ 2 = 7cm입니다.

<풀이 과정 2>

① 가장 작은 반원의 지름이 4cm이고, 다음 번째 반원으로 갈수록 지름의 길이가 2cm씩 늘어나므로 그림의 빨간색으로 표시한 각 변의 길이는 2cm입니다.
가장 큰 반원의 지름에 길이 2cm에 해당하는 변이 몇 개 있는지 세어 줍니다.

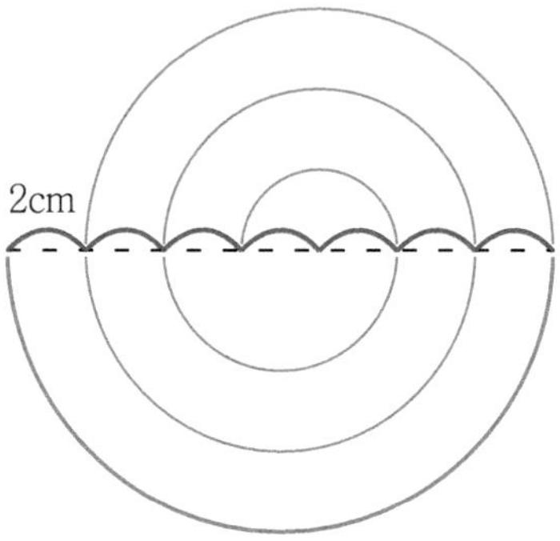

➡ 길이 2cm에 해당하는 변이 7개 있습니다.

② 따라서 가장 큰 반원의 지름은 2 × 7 = 14cm이며 반지름은 14 ÷ 2 = 7cm입니다. (정답)

심화문제 01 .... P. 92

[정답] 3cm

<풀이 과정>

① 사각형의 둘레에서 ◯의 반지름 두 개와 ◯의 반지름 네 개를 빼 ◯의 반지름 두 개와 빨간색 선분의 합을 구합니다.

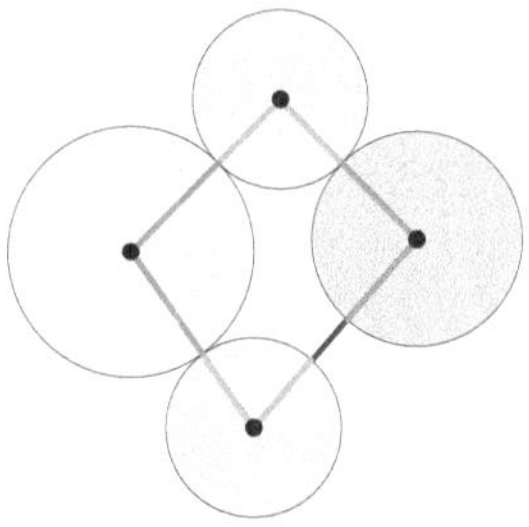

➡ (◯의 반지름 × 2) + 빨간 선분의 길이
= (사각형의 둘레) - (◯의 반지름 × 2) - (◯의 반지름 × 4)
= 49 - (7 × 2) - (5 × 4)
= 49 - 14 - 20
= 15cm

② ○의 반지름 두 개와 빨간색 선분의 합이 15cm이고, ○의 반지름은 빨간색 선분의 길이의 두 배라고 했으므로 위 식을 아래와 같이 나타낼 수 있습니다.

➡ ○의 반지름 + ○의 반지름 + 빨간 선분의 길이 = 15cm
= (빨간 선분의 길이 × 2) + (빨간 선분의 길이 × 2) + 빨간 선분의 길이 = 15cm
= (빨간 선분의 길이 × 5) = 15cm

그림으로 나타내면 다음과 같습니다.

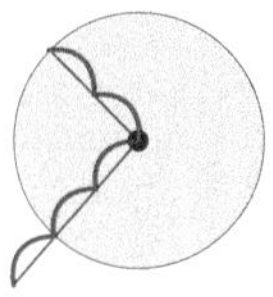

③ 따라서 빨간색 선분의 길이는 15 ÷ 5 = 3cm입니다. (정답)

심화문제 02 .... P. 92

[정답] 15cm

<풀이 과정>

① 선분 ㄱㄴ의 길이 = 빨간색 선분 하나 + 원의 지름 a + 선분의 길이 b입니다. a는 10cm이고 빨간색 선분 하나의 길이는 3cm입니다.

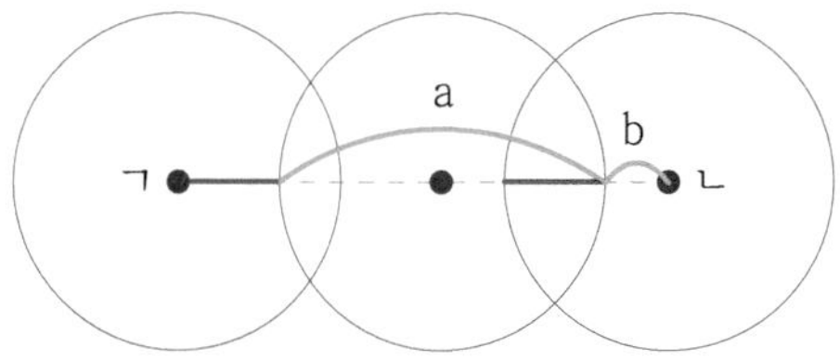

② 선분 b의 길이 = 원의 반지름 - 빨간색 선분의 길이입니다.

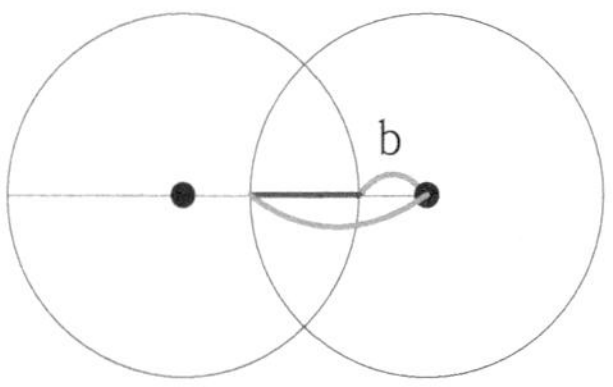

➡ 원의 반지름이 10 ÷ 2 = 5cm이므로 주황색으로 표시된 선분 b의 길이는 5 - 3 = 2cm입니다.

③ 따라서 선분 ㄱㄴ의 길이 3 + a + b = 3 + 10 + 2 = 15cm입니다. (정답)

심화문제 03 .... P. 93

[정답] 7개

<풀이 과정>

① 원이 한 개만 있는 경우, 원을 두 개 또는 세 개 이어 붙인 경우 직사각형의 둘레에 원의 반지름에 해당하는 선분이 몇 개 있는지 세어 줍니다.

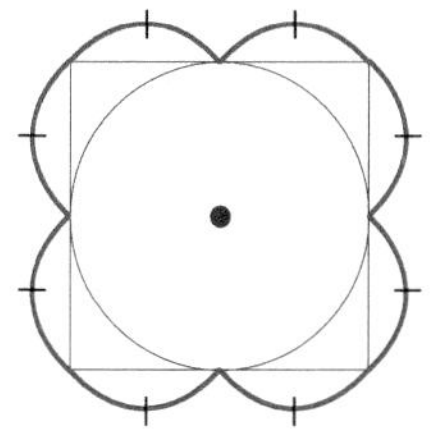

원 1개
선분 8개

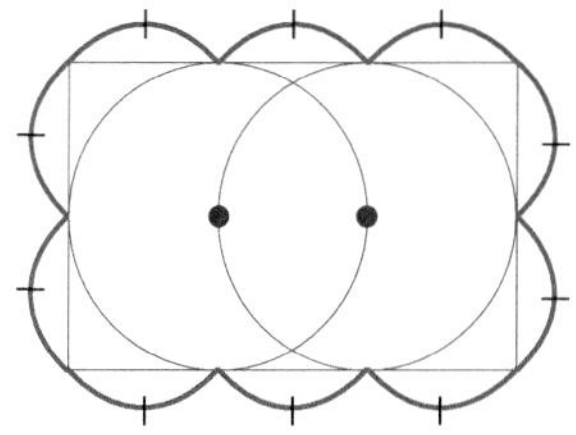

원 2개
선분 10개

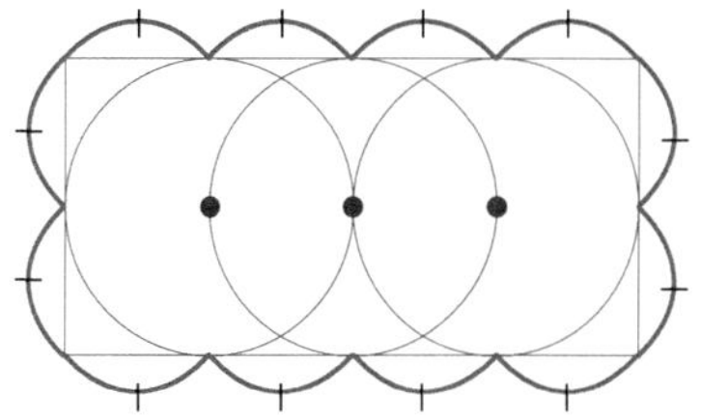

원 3개
선분 12개

② 반지름이 3cm를 이용해 각 경우마다 직사각형의 둘레를 구합니다.

원이 한 개만 있는 경우 : 3 × 8 = 24cm
원을 두 개 이어 붙인 경우 : 3 × 10 = 30cm
원을 세 개 이어 붙인 경우 : 3 × 12 = 36cm

③ 원을 하나씩 이어 붙일 때마다 원의 반지름에 해당하는 선분의 개수는 2개씩, 둘레의 길이는 6cm씩 늘어납니다. 24cm에서 6cm를 몇 번 더하면 60cm가 되는지 구합니다.
➡ 60 - 24 = 36cm
➡ 36 ÷ 6 = 6번
24cm에 6cm를 여섯 번 더 더하면 60cm를 만들 수 있습니다.

④ 하나의 원에 6개의 원을 더 이어 붙이는 경우 둘레가 60cm인 직사각형을 만들 수 있습니다. 따라서 직사각형 안에 그려진 원의 개수는 총 7개입니다. (정답)

심화문제 **04** .... P. 93

[정답] 24cm

<풀이 과정>

① 가장 작은 원의 반지름은 정사각형 한 변의 길이와 같습니다.

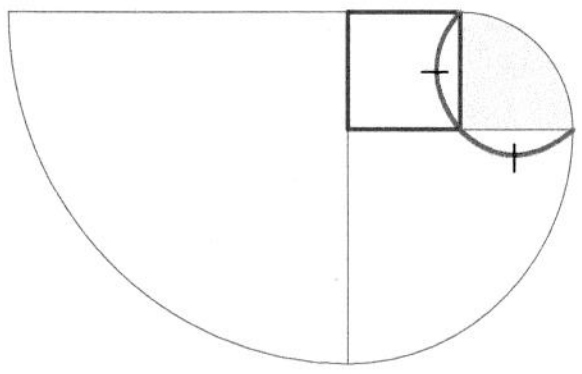

② 두 번째 원의 반지름은 정사각형 한 변의 길이의 두 배입니다.

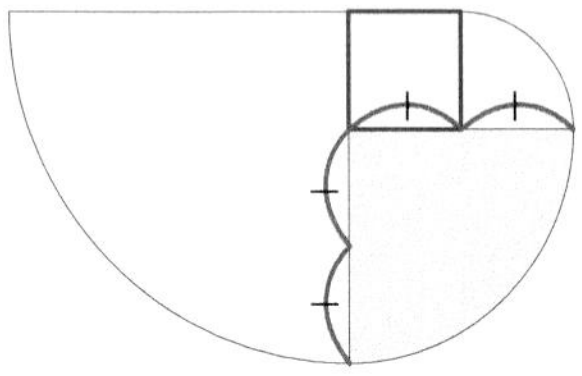

③ 세 번째 가장 큰 원의 반지름은 정사각형 한 변의 길이의 세 배입니다.

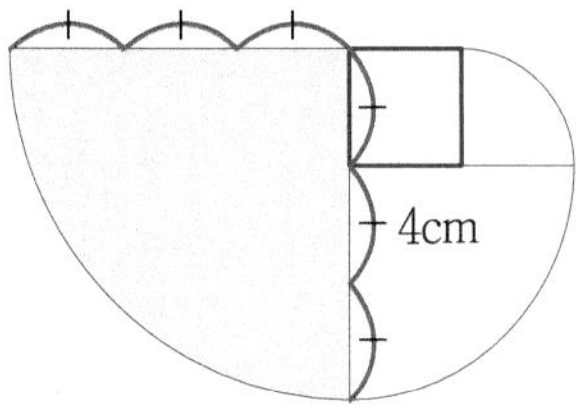

④ 따라서 가장 큰 원의 반지름은 4 × 3 = 12cm,
지름은 12 × 2 = 24cm입니다. (정답)

창의적문제해결수학 **01** .... P. 94

[정답] 12송이

<풀이 과정>

① 경계석 가로와 세로의 길이를 구합니다. 경계석 세로의 길이는 꽃의 지름과 같은 4cm이며 둘레가 10cm이므로 가로의 길이는 1cm입니다.

② 빈틈없이 꽃과 경계석을 번갈아 가며 심는다고 가정했을 때, 꽃을 한 송이만 심었을 때, 꽃을 두 송이 이상 심었을 때 화단의 둘레는 얼마일지 구합니다.

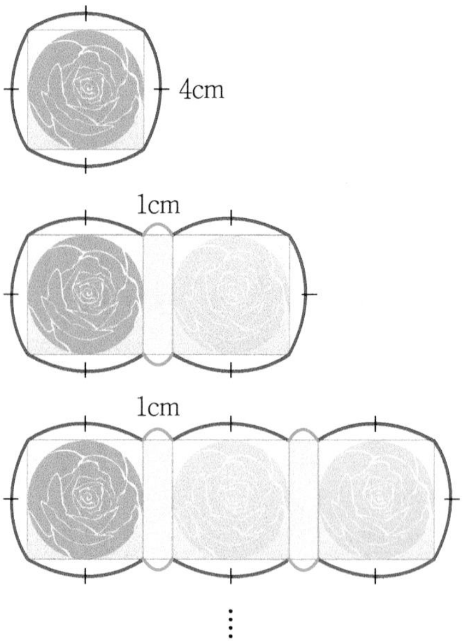

꽃 1송이
16cm

꽃 2송이
24 + 2 = 26cm

꽃 3송이
32 + 4 = 36cm

⋮

③ 꽃이 한 송이씩 늘어날 때마다 화단의 둘레가 10cm씩 늘어납니다. 16cm에서 10cm를 몇 번 더 더하면 126cm가 되는지 구합니다.
➡ 126 − 16 = 110cm
➡ 110 ÷ 10 = 11번
16cm에 10cm를 11번 더 더하면 126cm를 만들 수 있습니다.

④ 한 송이의 꽃에 11송이의 꽃을 더 심는 경우 둘레가 126cm인 화단에 딱 맞게 꽃과 경계석을 심을 수 있습니다. 따라서 화단 안에 최대로 심을 수 있는 꽃은 총 12송이입니다. (정답)

창의적문제해결수학 **02** .... P. 95

[정답] 56cm

① 끈을 아래 그림과 같이 빨간색 곡선 부분과 파란색 직선 부분으로 나눌 수 있습니다.

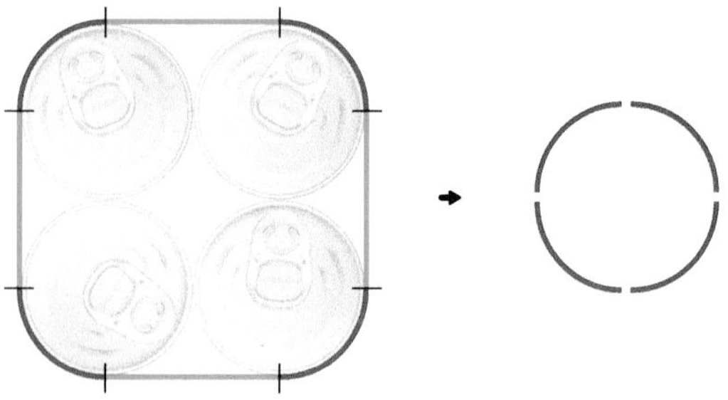

이와 같이 빨간 곡선 네 개의 합은 음료수 캔 한 개의 둘레와 같습니다.
파란 선분 한 개의 길이는 음료수 캔의 지름과 같습니다.

② 빨간색 곡선 부분의 합은 음료수 캔 한 개의 둘레와 같으므로 24cm입니다.
파란색 직선 부분의 합은 음료수 캔의 지름을 4번 더한 것과 같으므로 8 × 4 = 32cm입니다.
따라서 필요한 끈의 총길이는 24 + 32 = 56cm입니다. (정답)

영재들의 수학여행

Math Travel

창의영재수학

아이앤아이